苑 舉正——著

索羅斯的投資哲學

George Soros' Philosophy of Investment

推薦序

哲學送給金融投資者的三個禮物

身為一個基金管理者，我為什麼會讀哲學？當初是為了兩個理由。

第一個理由是，為了看懂索羅斯的名著《金融煉金術》，這是有志的金融交易者大多會拜讀的一本書。大家內心的期待是：祈求讀完之後可以在金融市場上「煉金」。而斯坦利・朱肯米勒（Stanley Druckenmiller）也是看了這本書後，向索羅斯毛遂自薦，成為他手下的第一大將，也才有他們一起並肩作戰，「擊敗英國央行」的傳奇故事。只可惜，《金融煉金術》深澀難懂，大部分的人不得其門而入，但其實關鍵很簡單，因為索羅斯用了大量的哲學術語來說明金融市場，所以那本書才會難以理解，那麼讀哲學即是讀懂《金融煉金術》的捷徑。

我讀哲學第二個理由是，古羅馬帝國的皇帝都在哲學教師的薰陶下長大，其中最有名的是「五賢君」中的馬可・奧里略（Marcus Aurelius），即是我們在電影〈神鬼戰士〉（Gladiator）中看到的那個老皇帝。我對他印象最深的一句話是，有一次教訓廷臣時，他說：「浪費了今生今世，人就再也沒有什麼來生來世了。眼前的人生，對誰都只有一次。我們浪費的，或得到的，恰恰正是逝去的光陰。」

為了在金融市場中獲利，也為了成為一個優秀的領導者，我認為哲學是必經之路。幾經多方打聽，我得知苑老師在歐洲最古老的魯汶大學獲得博士學位，精通英、法語，對索羅斯的老師卡爾・波普的哲學有深刻研究，可以算是索羅斯的師弟，如此大好機會，我當然不會放過。於是我和夥伴們一起在苑舉正老師的課堂上讀了幾年哲學。

讀哲學，不只讓我讀懂了索羅斯的《金融煉金術》，還帶給我三個豐碩的禮物，它們分別是：在金融市場中的巨大獲利、穩定而豐盛的精神層次，以及長治久安的企業經營策略。

哲學帶給我的第一個禮物——金錢，它給了我財富自由。當然也得到了免於各種恐懼的自由。因為自由不是為所欲為，而是有權利對許多事情說不。回想當初我們幾個合夥人闖盪大陸金融市場，在這之中，我們遇到了幾次關鍵點，擺在我們面前的有兩個選擇，一個是「求勝」，一個是「求存」。

儘管利字當頭，我們選擇的都是「求存」。令人印象深刻的一個故事是，有一次我們參加了一個期貨大賽，主辦單位是大陸前幾名的期貨商。吸引人的不是比賽獎金（雖然當初十萬元人民幣的獎金對我們來說是很大的金額）。最吸引人的是：得到第一名的人可以成為三千萬人民幣規模的基金經理人，那是我們一直期待的「交易者的最高殿堂」。

比賽過程撕殺非常激烈，我們的名次在第一至第十名中震盪。我永遠忘不了比賽最後一天前的晚上，我們的名次排在第二名，擺在我們面前的有兩個選項，一個是賭它一把，拼到第一名，得到成為基金經理人的機會。另一個選擇是按兵不動，堅守我們的交易原則。我很開心，因為我們的團隊擁有一致的決定——堅守原有的交易策略。

（因為我們都知道，索羅斯在一九八七年的股災中選擇了停損，儘管這個停損讓他損失慘重，賣在美股的最低點。但在事後記者的訪問中，索羅斯說，如果再讓他選擇一次，他仍然會選擇停損，因為，「活著」比什麼都重要。這是索羅斯的核心思想，而他也堅守了這個原則數十年。）

比賽的結果是，原本的第三名因重押巨虧，消失在前十名的榜單中，原本的第一名也擴大了槓桿，但最後一天的行情極為盤整難做，所以最後一天所有的人都虧損，只是看誰虧的少，我們的槓桿最小，也虧得最少，因而成為了第一名。

另一個令人難忘的經驗是在二〇一四年中下旬，大陸股市開始暴漲，一年的時間，滬深三百指數從最低的二一〇〇點左右，上漲至五三八〇點，漲幅超過一五〇%。當時指標性的新聞包括：學生素人股神的出現、一帶一路、中國夢……不絕於耳，愈接近風暴核心的人，愈難察覺泡沫就快破裂了，投資人不斷地催促我們多買一點呀、為什麼你們不多買一點呀？投資人跟我們說，他們自己交易的報酬率還比我們高。在最後的瘋狂漲勢中，股市的漲幅超過我們的績效，甚至在最後的一個月，我們賣出了許多持股，投資人不理解，給我們許多壓力。

但我們仍然很開心，我們堅守了自己的交易核心。因為「瘋牛」僅僅持續一年，便發生了股災[1]。

股災初期的短短三個月內，滬深三百指數從最高五三八〇點，暴跌四五%到二九五二點。下跌四五%可不只是四五%，因為大陸民間市場流行配資，一塊錢可以借到五至十塊錢（儘管一年要價一八%的利息）。多頭的暴跌必然是因為多殺多，一個人因為虧損被強迫平倉，而這個人的被強平觸發了另一個人的被強平，產生了雪崩式的反應。

1 大陸股市最終於二〇一五年六月十五日，拉開股災的序幕。創業板指暴跌五．二二%，而滬指（上證指數）當日跌幅二%，還渾然無覺；六月十九日，兩市跳空低開，隨後震盪下行，收盤時滬指暴跌六．四二%，深證成指跌六．〇三%，創業板指跌五．四一%，當周滬指累計跌幅達一三．三二%。滬深兩市出現千股跌停，全部二千七百八十支股票中有一千零八十八支跌停。

七月三日，滬指收盤再度暴跌五．七七%，當周滬指跌一二．〇七%，累計三周跌幅達二八．六%，創下一九九二年以來最大跌幅，兩市超過一千三百支個股跌停；七月八日，滬指大幅低開，創業板指和深證成指更是以一字跌停開盤。當天收盤上證指數大跌五．九%，險守三五〇〇點。滬深兩市合計共有一千三百四十六支A股停牌，佔總數二千八百零八支將近一半。

八月二十四日，滬深兩市全部低開低走，收盤時滬指跌幅達到八．四九%，收三二〇九．九一點，跌掉二〇一五年牛市以來的全部漲幅，盤中跌幅超過九%，深證成指則下跌七．八三%。大陸股災更引發全球股災，當天全球股市全面下跌，日經平均指數下跌四．六一%，俄羅斯RTS指數下跌四．一八%，香港恆生指數下跌五．一七%，美國那斯達克綜合指數下跌三．八二%，紐交所指數下跌三．二一%，英國FTSE100指數下跌四．六七%，印度孟買指數下跌五．九四%，巴西IBOVESPA指數下跌二．七九%。

許多人血本無歸，報紙上每天都有人跳樓的消息，有些金融大樓的玻璃甚至因此改成更耐撞的防彈級玻璃，網路上的段子手說，沒事不要上天台，天台上都擠滿了人。各式奇怪的自殺方式，甚至還有撞電線桿的。段子手又說了，賠一千萬的再上天台，賠十萬的撞電線桿就好。中國政府無所不用其極，祭出許多非常手段[2]。股市最後終於在中國政府派出公安抓禿鷹後，產生了反彈。

在那段恐慌的期間，有超過五千檔私募基金打穿停損線，因而結束清盤，很多的基金虧損甚至達到了七〇%至九〇%。而我們的二十多檔基金沒有任何一檔因為打到停損線而清盤，在股災的期間中，我們的平均虧損率只有五%至六%。我們仍然很慶幸，我們還是堅守了我們的價值——寧走十步遙，不行一步險。我們再次選擇了求存，而不是求勝。

回想當初我們幾個合夥人只湊了一百多萬臺幣闖盪大陸金融市場，經過了數年的時間，我們成功管理了超過一百億臺幣的資金規模，也拿到了大陸私募基金的牌照。若不是這樣的「求存哲學」，或許今天也沒有這個機會在大家面前分享這些想法。若不是「求存」，我們也不可能財富自由。但「求存」這個理念亦如苑老師所說的一樣：「生存哲學，這是一個沒有書籍，只有生活的哲學」。這是經驗的哲學，必須要身歷其境、細細體會索羅斯少年時期逃離納粹的過程，並對照自己面對困境的經驗，或許才能體會吧。

哲學帶給我的第二個禮物，是精神的自由，使我不必受到傳統宗教的束

2 包括六月二十八日以後幾次的央行雙降（降準降息），甚至到了一次降兩碼的水準。六月二十九日宣佈政府基金入市（預計買進一兆人民幣的資金，當日實際行動為：四大藍籌ETF出現約為一百億元的淨申購；隔日，藍籌ETF再次出現一百五十億元的淨申購）、大型企業禁賣股票。其中最著名的一次行動是在二〇一五年七月四日上午，內地二十一家券商突然齊赴中證監開會，決定四項救市措施。包括：動用不少於一千兩百億人民幣集中購買藍籌股ETF、試圖力托滬綜指衝回四二〇〇點的水平等，但股市仍然繼續下跌。

縛，以為死讀經典才能到上天的救贖。我還記得苑老師的第一堂課，他的第一段話：「一個人要活得如何，全看他怎麼形容」。語言的「指涉」力量，令人贊嘆。（若要理解此原理，推薦參閱苑舉正老師的另一本書。台灣書名為《求真》，大陸書名為《哲學六講》，這是市面上最完整、最容易理解的一本古希臘哲學書。）

在研讀哲學和歷史的過程中，我讀到了人類近代文明的發源。十四至十六世紀發源自義大利佛羅倫斯的「文藝復興」，拉丁原文是*Rinascimento*，原義是「重生」，重生什麼呢？重生「古希蠟哲學」，並加入實用的精神，例如後來出現的「試誤法」，以及實驗組、對照組的科學方法，使得人類終於逃離了宗教的思想禁錮。（但人類也生產了許多看似絕對正確的理論，而忘了當初質疑宗教的科學方法，這呼應了索羅斯所說，「永遠要接受錯誤的可能性」）。

至於哲學帶給我的第三個禮物，就是它給了我長治久安的經營策略，使我們有機會去創造一個「實拿久穩」的企業，在這個基礎上，才有可能達到我們的目標——建立一個能夠傳承家族的百年基金。因為任何一個企業，都需要自己的一套思想體系，企業最大的危機來自於內部的思想體系衝突。

關於本書中一直不斷提到的「錯誤」，索羅斯對於金融界或是華人世界最大的啟發是：正面肯定錯誤的價值。因此，偉大的企業必然不會處罰犯錯的人，因為只有行動才會帶來錯誤，否定錯誤，就是否定了行動。如同我們之前所提到的羅馬帝國，他們最重要的原則即是「不處罰敗將」（這必然也是因為哲學思考的結果），但比照同時期的東方君主國，敗將要面對的竟是砍頭和抄家滅族，因為政治至上。同理，一個人最值得彰顯的應該是他的苦難經驗，因為在苦難經驗中最容易遇到錯誤，有了錯誤，才有進步的空間，因此，每個人都應該以自己的苦難經驗自豪。

另一個在金融界中運用錯誤的成功例子，是對沖基金——橋水（Bridgewater），至今管理規模達一千五百億美元。橋水在業界極為著名的內部員工手冊《行為原則》，原文的文檔達上百頁，相當於一部書籍的長度，其中詳細羅列了橋水公司的管理思想、哲學，以及具體行事準則，作者為該公司創始人雷伊·達里奧（Ray Dalio），他的方法論為：

第一，我從事自己想做的事，而不是別人要我做的事。

第二，我提出我所能想到最好的獨立意見（方法）去得到我想要的。

第三，我用我能找到的最聰明之人，來挑戰測試我的觀點。

第四，我對過度自信保持警惕，知道如何有效地處理我不知道的事情。

第五，我盡全力來處理被我的決定所影響的現實，並透過這個過程來改善這種現實。

達里奧與索羅斯所主張承認錯誤、修正錯誤的想法一致。可見這個理念在投資界中也是成功者的共同因素。至於我們的交易員能夠存活下來，也是相同的道理。

交易員的分紅完全來自於市場績效，若無法獲利，則代表錯誤。由於錯誤是如此的明顯而不可迴避，所以成功的交易員都是能「承認錯誤」、「修正錯誤」的人。但能夠「承認錯誤」的人不多，也因此能「修正錯誤」的人將會更少。這也是為什麼期貨獲利人口只佔了五%的緣故。在我的經驗中，不能承認錯誤的原因多半是面子問題、不願理性思考，但其後果是毀滅性的，不是自身破產、家破人亡，就是組織內鬥、魚死網破。

回到交易要如何獲利的問題，我們是如何連續多年在市場上獲利的呢？我們的核心是做量化交易，以金融的術語來說，獲利的兩大要件是：一，資金控管；二，交易系統。

你可以驚奇的發現：資金控管，以索羅斯的哲學來說，即是「求存」；正確的交易系統，以索羅斯的哲學來說，即是「承認錯誤」、「修正錯誤」。也無怪乎，成功的交易者，必然是索羅斯哲學的實踐者，只是，他不一定知道，他實行的就是索羅斯哲學。索羅斯把這套系統成功的提升到哲學、人類社會準則的層級，用了大量艱澀的哲學術語來形容。但這套哲學，在中文世界中，能夠把它說得清楚、說得擲地有聲的，也只有苑老師了。

最後，感謝各位的耐心，看完我冗長的文字。身為講臺下的學生，承蒙苑老師的賞識，有機會為這本結合投資與哲學的大作，寫下我誠摯的推薦。

言起投資 董事長

丁啟書

自序

我憑什麼來解讀索羅斯？

我是一個讀哲學的人，不懂得投資，不處理財務，只知謀得一份教書的工作，把書教好，文章寫好。在傳統的認知下，我這種人，算是典型的書呆子，與市場沒有什麼關係。

因此，我憑什麼解讀「金融巨鱷」索羅斯（George Soros）呢？我做這件事情的動機與理由在哪裡？我有必要這麼做嗎？對於這三個問題，我都有很明確的答案。

第一，雖然索羅斯在財經界的威望以及他在避險基金領域的成功，均是令人稱羨的代表人物，但是他也自稱為「一個失敗的哲學家」。這並不稀奇，因為在追求人生意義上，人人都是哲學家。當然，這也不代表人人都是成功的哲學家。因此自稱為一位「失敗哲學家」，也很自然。然而，在這一點上，索羅斯是一位很不一樣的「財經哲學家」。他對於哲學的「熱愛」，雖然未必超過他對於賺錢的熱愛，但絕對超越了一般的財經專家。

很少財經專家在其所著的每一本介紹市場動態的書籍中，會像索羅斯那樣，一再地重複他的哲學啟蒙人——卡爾．波普（Karl Popper）。波普是一位科學哲學家，以強調科學方法論著稱，是一位極為專業的哲學家。幾十年來，我憑藉不斷地研究科學方法論與波普哲學的心得，令我第一次看到索羅斯在他的書中提到波普時，我就知道，解讀索羅斯的投資哲學，我是合適的。

其次，我解讀索羅斯的投資哲學只有一個動機，就是告訴世人，至少是告訴國人，哲學可以回答所有與人相關的問題，其中當然也包含賺錢這件事情。我這麼說，沒人相信，因為一個學習冷門科系的人在逐利的台灣，原則上沒有什麼地位。

哲學當然是頭號冷門科系，再加上一般人不知她的「妙用」，只好眼睜睜地看著這個學門萎縮。最弔詭的是，當大家眼巴巴地望著金融巨鱷時，卻不知道，成功發大財的索羅斯從一九八七年出版他的《金融煉金術》（*The Alchemy of Finance*）開始，就不斷地強調，他的市場操作，反射了他的哲學理念，尤其是得自波普的「否證理論」（Falsificationism）。我在閱讀索羅斯的著作之後，發覺我可以透過大家迷戀億萬富翁的同時，彰顯哲學的妙用。

最後，我做為一位哲學家，有必要這麼做嗎？索羅斯說的哲學，就是值得理解的哲學嗎？這會不會僅是他「附會風雅」，發財後沒事幹，亂扯出來的呢？對於這種問題，我覺得，如果所謂的「索羅斯哲學」，就只是教人如何發財的道理，那麼這其實與騙術無異，不值得一提。索羅斯的哲學當中，充滿生命經驗、概念架構、反思批判、深刻論述。這個哲學確實與市場相關，但絕對是以說理為主。

索羅斯處處推崇波普，但是依然將波普的否證論沿用至波普哲學，對其核心概念提出強烈的批判。他自豪於自己所提出的「反射性理論」（Theory of Reflexivity），但是他不會教條化這個理論，只會不斷地引用實例反覆應用與檢查它。最難能可貴的地方，是索羅斯從成功的財經經驗中所延伸出來的博愛主義（Philanthropism）。從上個世紀，八〇年代以來，他所成立的「開放社會基金會」（Open Society Foundation）已經為建設開放社會提供一百一十億美元的援助。這麼龐大的數字，不像是一個牟利之士所為，但這個事實，也令人不禁想要理解，此人究竟為何如此「高調行善」？

我對於索羅斯的解讀，就是要回答這個問題。為什麼一個最會賺錢的人，會在博愛主義的名義下，大辣辣地花掉這些辛苦賺來的錢呢？我自忖，只有哲學家能夠回答這個問題，至少這個基金會的名稱中，就有三點特殊性需要解讀。

第一，「開放社會」，就是波普名著《開放社會及其敵人》（*The Open Society and Its Enemies*）的書名，其沿用思想之處，不言可喻。

第二，該基金會預設「開放社會」為「理想社會」，因此它在全世界企圖影響政策，實現「開放」價值。

第三，索羅斯公開宣稱，他不以苦難救助為主，而是以改變社會為主。

當然，這三點為我們帶來更多的問題，但也告訴我們，想要理解索羅斯，就先得走上他的哲學路。對於帶路這件事，我們哲學家是當仁不讓的！

苑舉正
二〇一六年十二月十六日
於台大哲學系

目錄 CONTENTS

想要理解索羅斯的投資哲學，

最關鍵的核心理念，

就是負面思考。

第一章

寫在本書之前

這本書寫的是索羅斯的投資哲學，不是他的哲學投資。這兩者之間的差別很大，因為我做為一個哲學家，想要強調的重點是他的哲學，不是他的投資。

索羅斯自稱是一名「失敗的哲學家」。但是，所有人都知道，他是二十世紀最成功的投資者。如果你在一九六九年投資量子基金[1]一千美元的話，那麼到了一九九五年，在反覆投資下，你的籌碼已經變成為兩百萬美元[2]。這個驚人的數字，對於索羅斯而言，最有價值的地方並不是昭示天下他有投資奇才，而是昭示他的哲學能夠讓人賺錢。簡單來講，賺錢只是索羅斯弘揚他哲學思想的工具。

許多人以為，成功的人生必須像索羅斯一樣，從一文不名到擁有萬貫

1 由索羅斯創立，全球最大規模的對沖基金之一，多次以狙擊世界各國的貨幣而聞名。

2 《索羅斯談索羅斯：走在趨勢之前》第三頁。

家產；從歷經風險到掌握市場；從受人幫助到慷慨助人。但這些並不是成功人生的目標，而是一個不斷思索與改變人生的反射。索羅斯以自己的人生為例，說明他結合了哲學、經歷與信念，在每一個階段都執行應當做的事情。

不過，投資的傳奇與基金的管理只是索羅斯人生中的一部份，甚至是附帶的一部份。對於這一位出生於兩次世界大戰之間的猶太裔投資者而言，思想、文字與理想才是最重要的人生價值。而這三點的結合，讓他成為出書最多、說話最多，以及理想最豐富的成功投資人。就真善美的意涵而言，索羅斯掌握了建構知識以求真、慷慨助人以求善，以及透過機警與洞見建立他那充滿自信的美麗人生。在這一本書中，我要向大家說明，是什麼因素讓他開創這麼一個令人羨慕的人生。

・索羅斯的六個人生與能力養成階段

索羅斯的人生可以簡稱為「一」、「二」、「三」。

一，是他有一個伴隨一生的理念，也就是後來發展成為反射理論的可錯論(Fallibilism)；二，是影響他一生的兩位重要人物，第一位是他的父親，第二位是他在倫敦政經學院遇見的波普；三，是他一生中做過最重要的三件事。首先是他的投資理財，其次是他對於開放社會的認同，最後是他對於慈善事業的堅持。一加二加三等於六，剛好構成本書的六個章節。

這六個章節，按照一個八十七歲之齡的人來講(本書於二〇一七年出版)，可以分為：少年、青年、成年、壯年、老年以及餘年，合計共六個時期。這六個時期分別體現了其人生中意志力的養成，可以相對應在六種能力之中，包括：膽識、知識、常識、見識、賞識與意識。這六種能力都是思維上所展現的力量，可以決定一個人在面對各種情境時，應當要採取的行動。

少年時期的索羅斯，十四歲時目睹納粹的侵略，培育了他面對生死的膽識；青年時期，索羅斯輾轉抵達倫敦，在倫敦政經學院（London School of Economics and Political Science）就學於哲學大師波普的門下，從事科學哲學的研究；成年時期的索羅斯，依據以往學習的經驗，確立「認知一切信念都會出錯」的常識；到了壯年時期，他充分發揚了見識能力，對市場有洞見，對投資有一套特殊的理解；老年時期，從市場中擷取一切經驗的索羅斯，開始賞識開放社會的價值，並且盡可能地解釋「為什麼社會應該維持開放」；現在，索羅斯在餘年實踐他的道德意識，企圖以他所賺取的金錢，決定什麼人需要幫助。

這六點，分別代表了索羅斯人生中的六個階段，也逐步突顯出他體會人生的歷程與能力。在本書中，當我針對這六種能力做分析時，我必須要先說，第一，這六種能力之間的區分，並不是像油與水那般分明的。有許多能力在發展的過程中，不但是並存的，而且或許同時存在於潛伏狀態。因此對於這些能力所做的分門別類，不過是突顯其特定人生時期的重點而已。

其次，雖然這些能力經常是共存的，但是在探索索羅斯人生軌跡的過程中，我們大致上可以看到一個輪廓。在這個輪廓中，膽識是他接觸人生的首要條件，然後再依循知識的建構、常識的確立、見識的發揚、賞識的對象以及意識的成熟，索羅斯逐漸體會存在的價值。這些能力形成綜合開展的過程，但是人生從培育風險膽識開始，到發展出成熟的道德意識，卻是我在本書中所要強調的基本道理，也就是市場與人生相呼應的原則。

為求理解上的方便，我在此提出一張圖片，將本書的六個主要章節，依照索羅斯人生時期與心智能力的培育，展示如下。

索羅斯人生發展的六個階段

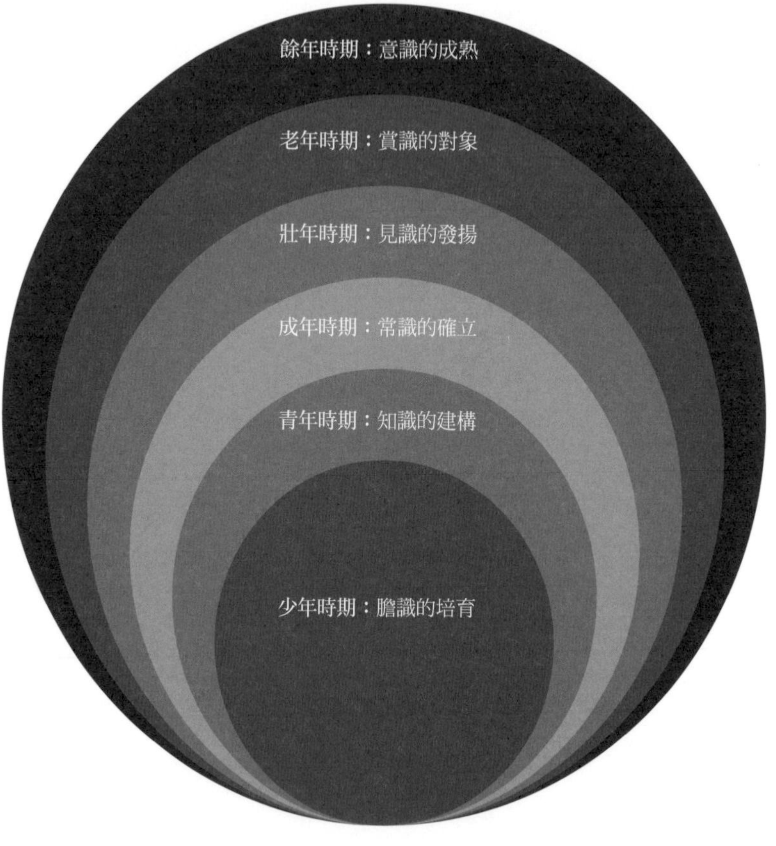

影響索羅斯畢生的父親——提瓦達・索羅斯（Tivadar Soros），在家鄉匈牙利布達佩斯的職業是一名律師，也是一位很會講故事的人。父親在其人生的經歷當中，有過嚴重的失敗，差點把命丟了。他面對生死，也有非常大膽的判斷，這讓索羅斯在納粹占領期間充分體會，一個人的膽識對於活著的價值。在這份膽識的培育過程中，索羅斯選擇獨自一人到倫敦求學。舉目無親下，索羅斯靠著在火車上販售餐飲，以半工半讀的方式，在倫敦政經學院就讀科學哲學，並對於波普的「可錯論」情有獨鍾，深受啟發。

成年時期的索羅斯，維持對於哲學的高度興趣，甚至在移民美國之後從事交易員工作的時期，還將其博士論文進行修改。面對瞬息萬變的市場風險，索羅斯的常識能力告訴他，「人的知識」必然與「人」相同，是有缺陷的，所以沒有完美的知識。這個觀念成為他畢生的信念，確認在一個不完美的世界當中，我們必然會因為過度自信而犯錯，因此所有建構的知識必然有限制。為了要讓這個「常識」獲得肯定，索羅斯以他對市場的洞見，結合了所有能力，提出他對於市場的見識，也就是泡沫必然會發生，產生市場大小不一的崩盤。

充分體會市場循環道理的索羅斯，從一九七九年開始，成立「開放社會基金會」，實現他對於開放社會的賞識。許多人不理解為什麼一個在市場中叱吒風雲的關鍵人物，會轉移興趣，從事一個哲學理念的論述，並且開始幫助所有歷經民主轉型的國家，由封閉的政治轉向開放的社會。索羅斯在餘年間，堅定地支持開放社會的落實，大幅捐款（超過一百一十億美元）。這對於我們從哲學的角度檢視索羅斯的一生具有什麼特別的意義呢？這是本書在最後要回答的問題。

・索羅斯投資哲學的關鍵概念

介紹完本書的主要內容之後，我要在這裡提出理解索羅斯投資哲學的關鍵概念。索羅斯與眾不同，而這一個特點不但是他投資致富的關鍵，也是他落實的人生原則。最難能可貴的地方是，這個人生原則來自於他的思想。索羅斯不但與一般人的想法不同，而且它能夠看到一般人如何思考，然後再刻意地強調他與一般人不同。在理解索羅斯的特殊性格之前，我們先來看看一般人的想法是什麼。一般人的想法離不開三項原則：一，歸納經驗；二，排除風險；三，追求完美。

索羅斯不但不依從這三項原則，還發明一套理論（也就是他的反射性理論）用來反對這三者。讓我們用賺錢的道理來說明，為什麼絕大多數人在市場中，都會依從這三項原則。

首先，所有人都想賺錢，但是只有少數人賺得到錢。於是很多人會問，誰最會賺錢？找到這幾個人之後，我們會分析他們賺錢的道理，經由歸納，篩選出規律，並認為這些規律就是賺錢的道理。結果呢，我們找到最會賺錢的兩個人，華倫・巴菲特（Warren Buffett）與喬治・索羅斯。有趣的是，他們兩人之間投資的理念差異之大，猶如天南地北。巴菲特強調的是從股票的價值進行市場的評估，而索羅斯則大辣辣地提出一整套哲學做為投資的方向與指引。遺憾的是，沒有人能從他們賺錢的實戰經驗中歸納出發財的金科玉律。

其次，所有人都想賺錢，但只有極少數人賺到大錢，因此我們通常認為，這些賺得到錢的人能夠避免所有賠錢的風險。這個想法聽起來似乎言之成理，不過卻可以讓人聯想到一個弔詭的事實——完全不賠錢的人，其實就是一個沒有膽量去面對風險的人。風險與賺錢是成正比的，但需要透過知識與膽識來驗證；風險越大，賺錢的機會也就越大。

第三，所有人都想賺錢，因此會問，有沒有穩賺不賠的知識？這句話聽起來好笑，因為假使有，也不會有人告訴你。但問題就在這，許多人對於完美的知識有所期待，認為市場經營的王道就是找出穩賺不賠的道理，然後他們就可以馳騁於市場之中，大賺其錢。不過問題是，我們的教育、知識、想法與理念中，都不斷地告訴我們，完美知識是一個經由不斷努力的過程，終將可以實現的目標。這個目標的實現變成一種信念，相信追求知識的目標終將獲得「無錯」的知識。對於索羅斯而言，這三項原則都是嚴重的錯誤。

首先，經驗的歸納並不能夠為我們提供未來做預測的有效知識。因為歸納的經驗都是已經發生過的經驗，沒有人知道未來會發生什麼事情，會不會改變我們原來的認知，甚至我們根深蒂固的信念都會出現錯誤。因此，對於索羅斯而言，「假設經驗的不確定性」才是重點。我們只能提出一個常識般的信念，相信市場的不可預測性，嚴正以待，處處小心。

其次，對於索羅斯而言，投資時，不但應該坦然面對，而且因為我們必須面對風險的事實，所以風險是值得期待的。原因很簡單，就是所有從事市場投資的人他們都有賺錢的目的，而風險正是使得賺錢成為可能的關鍵因素。俗話說得好，進廚房就不要怕熱，油不燙魚不會煎得好。如果不想冒險，就不要進行投資。而對期待風險的索羅斯而言，掌握趨勢，擴大槓桿，冒最大的風險，賺符合比例的利潤，是投資人最應該期待的事情。

最後，索羅斯對於所有正面的想法、完美的知識，以及樂觀的盼望，都賦予負面的評價。讓他最不能夠理解的，就是當代經濟學的完美知識模型。這個模型假設：市場中的供給與需求會自動達到平衡。索羅斯對此極力批判，認為市場的主體是人，包含各種人心與想法，怎麼會有一隻不可見的手，讓市場的供需達到完美平衡呢？對於索羅斯而言，經濟學的假設，是市場每隔一段時間就會出現泡沫與崩盤的主因。有趣的是，這些泡沫對他而言，是極其肥沃的，因為如果不能夠把賺錢的道理，建立在他人的謬誤之上，怎麼會有賺錢的機會呢？

理解索羅斯的投資哲學，最關鍵的核心理念，就是負面思考。負面思考集結了膽識、知識、常識、見識之後，其所匯集出來的判斷裡，有兩種相依相附的思維。首先，索羅斯先判斷一般人的想法，並在它們的發展中，建構市場的趨勢。同時，他要判斷，市場對於這種「遲早會發生謬誤」的趨勢能夠容忍多久？讓多少人會在不知錯誤的情況下盲目跟進？在做出這些判斷之後，索羅斯的負面思維不斷地提醒他：市場會崩盤、會出現大幅度的動盪、會產生出越吹越大的金融泡沫。永遠「走在趨勢之前」的索羅斯，不但很成功地實現這句話，還把它當成其自傳的書名[3]。

3 《索羅斯談索羅斯：走在趨勢之前》。

本書在寫作過程中，有關索羅斯的人生經歷與金融操作史實，筆者以採用其親撰的十四本原文著作之資料為主；另外亦參照其父親，提瓦達所撰寫的兩本著作。由於筆者所引據之資料皆為原文，故謹將這些書籍的原文書名翻譯為中文，列舉如下，並序列其出版年份，以顯示資料來源之版本，供讀者進一步查閱理解：

一、喬治．索羅斯之著作：

The Tragedy of the European Union（2014）

——《歐盟的悲劇》

Financial Turmoil in Europe and the United States: Essays（2012）

——《歐洲與美國的金融混亂：論文集》

The Soros Lectures at the Central European University（2011）

——《索羅斯在中歐大學的演講集》

The Crash of 2008 and What It Means（2009）

——《二〇〇八年金融海嘯及其意義》

The New Paradigm for Financial Markets: The Credit Crisis of 2008 and What It Means（2008）

——《金融市場的新典範：二〇〇八年的信用危機及其意義》

The Age of Fallibility（2007）

——《可錯性的年代》

George Soros on Globalization（2005）

——《索羅斯談全球化》

The Bubble of American Supremacy（2004）

——《美國霸權的泡沫》

Open Society（2000）

——《開放社會》

The Crisis of Global Capitalism: Open Society Endangered（1998）

——《全球資本主義的危機：受威脅的開放社會》

Soros on Soros: Staying Ahead of the Curve（1995）

——《索羅斯談索羅斯：走在趨勢之前》

Underwriting Democracy（1991）

——《確保民主》

Opening the Soviet System（1990）

——《開啟蘇聯》

The Alchemy of Finance（1987, 2003）

——《金融煉金術》

二、提瓦達・索羅斯之著作：

Crusoes in Siberia（2011）

——《西伯利亞的魯賓遜》

Masquerade: The Incredible True Story of How George Soros' Father Outsmarted the Gestapo（2011）

——《化妝舞會：喬治・索羅斯父親智取蓋世太保的真實故事》

我一個十五歲的小孩，

思考方式卻像一個五十歲的老人，

實在是一件很不正常的事情！

——George Soros

·第二章·

少年時期：膽識的培育

喬治・索羅斯，一九三〇年八月十二日，誕生在奧匈帝國（現今匈牙利的首都）布達佩斯的一個猶太家庭。母親家族經商，是販賣絲綢的商人，父親是律師。他原姓史華慈（Schwartz），後來他父親在一九三六年，為了避免當時方興未艾的反猶太風潮，刻意改為發音聽起來像是匈牙利文的姓——索羅斯（匈牙利文的意思是「繼承者」）。這個姓很特別，叫做「正反向同字」（Palindrome），因為從左唸到右是索羅斯，從右唸到左也是索羅斯。

單從上面這一段簡短的介紹中，就可以看到日後索羅斯發展企業以及規劃人生的幾項重點。

第一，一九三〇年的匈牙利屬於奧匈帝國，政治、社會與經濟等生活各方面都受到德語文化的影響。德語是當年最強勢的語言之一，而帝國首都維也納也是全世界進步最快的社會。這些條件的聚集，讓索羅斯算是成長於全球核心，當之無愧。

此外，當時匈牙利在語言與文化上都能夠維持相當高的自主性，形成多元社會不說，還讓當時並不是首都的布達佩斯，成為容納奧匈帝國各個族群的主要地點（索羅斯至今依然擁有匈牙利國籍）。其中，猶太社群是在文化、教育、知識與宗教層面中，最活躍的一群人。

第二，猶太人最重視三件事情：家庭、教育與宗教，索羅斯自然也不例外。尤其是家庭與教育，對於索羅斯在一九四七年，十七歲時離開布達佩斯，展開自行闖蕩江湖之前的生涯準備期，有極為深刻的影響。

在家庭上，由於父母個性的差異，讓索羅斯一生對於家庭的需要有剛有柔，構成其結合內心的對比要素。猶太人對於教育的重視，尤其是語言的訓練，不但讓索羅斯有機會脫離共產鐵幕，還讓他具有精準的用字能力，這是他在分析財經與投資上過人一等的關鍵。

宗教的認知，讓索羅斯在世俗化的過程中，將所有猶太教的精華，轉換成為人生的助力，讓他對於外在世界的興趣，以及促進人道主義上，都有一股近似宗教熱情般的立場。這三點猶太精神結合在一起，可以讓我們對於這一位投資客的日後人生，有更為清楚地理解。

・父親提瓦達的影響：生存哲學與世界語

索羅斯有一位極為平凡的母親，卻有一位非常出眾的父親。母親，伊莉莎白（Elizabeth），來自於一個經營絲綢的標準猶太經商家庭。父親，提瓦達（Tivadar Soros）是一名律師，也是典型的猶太知識分子。索羅斯從他父母身上汲取了日後面對人生各種挑戰的能力，但他們有非常不同，甚至衝突的個性。

他的父親，個性外向、聰明、膽大，具有領袖魅力，喜歡冒險，相信自己的判斷。母親則相反，是一位內斂、經常反省，容易自我苛責，虔誠的猶太教信徒，甚至還接納神秘主義。這兩種截然不同的個性，在索羅斯身上，長期扮演衝突的角色，但他的成長歷程，幾乎可以說就是發展在克服這種矛盾的過程中。

索羅斯坦承，父親在他心目中是一位偶像人物，生命之中充滿了各式傳奇不說，本身還是一位外向、喜好交友，但從不會輕易地向他人展現內心世界的人。索羅斯父親的傳奇故事與他遇到兩次世界大戰息息相關。在這兩次經驗中，一次失敗，一次成功，而兩次經驗的結果，卻是如同一般人所說的，「失敗是成功之母」。

第一次世界大戰爆發時，提瓦達看到揚名立萬的機會，自願從軍，在戰場擔任一個小軍官時，幾乎喪命，慘遭俘虜，被關在西伯利亞。後來他發現情勢不對，俄國共產黨的蘇聯紅軍有意殺害戰俘，所以他計劃逃亡，卻因為看錯地圖，沿河「而上」，幾乎到達北極，於是再次被俘。提瓦達在莫斯科度過一段艱困的日子，順便學會了俄文。回家時，戰爭早就結束了。

根據索羅斯本人的描述，回到家後的提瓦達變了一個人似的。他不再有野心，不再追求揚名立萬的機會，不再追求發財致富，反而成為一個追求獨立，享受生活的人；他雖然是一名律師，但是他盡可能不接案子；他為了享受滑雪假期，常常讓還未成年的索羅斯到他的客戶家借錢，然後在享受完愉快假期之後，又要痛苦地面對接下來幾週必須辛苦工作的事實。

提瓦達擁有多處房地產，並在二次大戰爆發後開始出售它們，到了一九四四年德國佔領布達佩斯的期間，索羅斯家已經把房地產變賣完了！索羅斯說過，很少人會像他父親一樣，敢過著依靠手上資產的日子。提瓦達曾經告訴他說：「我的頭中帶有我的資產(I carry my capital in my capital)」[4]。意思

4 《索羅斯談索羅斯：走在趨勢之前》第二十八頁。

是說，拉丁文中的*capital*，剛好就是頭的意思。這種充滿幽默感的表達方式，不但顯示提瓦達有趣的一面，也讓索羅斯從小就知道，人生是用來享受的，不是讓錢綁住的。這種豁達的態度，配合因為失敗經驗所培養出來的膽識，讓提瓦達在納粹佔領家鄉的期間，不但逃過所有的劫數，還漂亮地救了許多人。他做了什麼事情這麼偉大？就是——販賣假身分證！

一九四四年三月十九日，納粹德國占領匈牙利。德國這麼晚才占領匈牙利的主要原因是，奧地利在一開始即以同文同種的緣故先行與德國合併，以致於匈牙利並沒有立即被德國併吞。這延遲近四年的時間，讓提瓦達在納粹占領初期就已充分體認即將發生的事情。提瓦達不斷地告誡索羅斯，這不是正常時期，所以日常的規則是不適用的。在這段可以用「瘋狂」來形容的時間裡，只要你是猶太人，或是不能證明「你不是猶太人」的話，你可能面臨立即被送走或是處決的命運。

提瓦達在非常短的時間內，就決定要為全家人購買假的身分證明，以及「證明這些假身分」的家庭記錄。後來提瓦達發現，這種造假的事件不但可以幫助家人脫離危險，還可以幫助親戚朋友，甚至可以藉由這些造假的經驗，為自己賺取大批的代辦費用。

提瓦達曾經成功的讓好幾十人脫離險境，也因此賺了一大筆錢。最重要的是，這一種死裡逃生的經驗，讓索羅斯產生了一種苦中作樂的經驗。他注意到，在面對死亡的同時，在看到許多人每天消失的同時，面臨極端種族歧視言論的當下，他們這一家人卻能夠在聰黠父親的指導下，度過他認為最快樂的時光。

為什麼快樂？因為他們不但活下來了，而且他們還幫助了許多人。最關鍵的是，他看到一位父親在所有人體悟到危機之前，就已經先發現這是一個危險時刻，但透過智慧與膽量的發揚，就可以度過這個難關。索羅斯曾經說，對於一個十四歲的兒童而言，有什麼比活在一場可以拍成電影的大災難中更刺激的事情呢？

索羅斯父親所經歷的這兩場世界大戰，分別是失敗與成功的人生經驗，成為索羅斯一生中最重要的指引。他曾經說過，他的成功來自於兩位哲學導師，一位是我們等一下要介紹的波普，另一位就是他的父親。

父親教給索羅斯的哲學，是生存哲學。這是一個沒有書籍，而只有生活的哲學。做為一位受生存環境歧視的猶太人，總是要為了自己的生存環境費盡苦心，但得到的往往是不公平的待遇。提瓦達曾經在他的書中說過，做為一個猶太人，你做的事情不但應該是正確的（Right），也應該是高明的（Smart）。

來自猶太家庭的索羅斯，不但受到家庭的照顧，也因此受到很好的教育。提瓦達本人的一項能力，就是學習語言。在被蘇聯俘虜、住在俄國的期間，提瓦達曾經利用機會學習俄語；其程度之好，曾在二次大戰結束後，被瑞士領事館聘任為俄國占領軍的聯絡官。同時，在所有提瓦達所使用的語言中，最特別的就是在歐洲猶太社群中所通用的世界語（Esperanto）。

世界語是十九世紀末由一位來自波蘭的猶太人所發明的，目的在於綜合各種語言，讓所有的人能夠使用同一種語言，並因此避免溝通上的障礙與誤解。世界語的原意就是「希望」，目的就是希望促進人類和平，避免爭端。

提瓦達是世界語的積極支持者，不但能說、聽、讀，還能寫。兩次世界大戰的經歷，提瓦達都使用世界語完成他的著作；前面一本書名是《西伯利亞的魯賓遜》，而後面一本叫做《化妝舞會》。更稀奇的是，提瓦達還以世界語教育他的兩個兒子。也因為這個緣故，所以索羅斯是目前世界上僅存兩千多懂得使用世界語的人之一。這件事情，改變了索羅斯的一生。

一九四五年，當納粹德國敗亡之後，匈牙利很快就落入了蘇聯的鐵幕之中。生活中的壓力，有增無減，言論自由受到限制，索羅斯再次感覺到生存受到了威脅。於是，在父親所教導的生存哲學下，他選擇離開布達佩斯，想要前往外國。在那個時候，要離開鐵幕國家並不是那麼容易的，必須要有一個理由，而索羅斯的理由就是——去瑞士參加世界語的大會。

這一年，他剛好十七歲，從此再也沒有受到父親的影響，可是父親所教導的生存哲學，卻讓他一直銘記在心，直到好幾年後，他才發覺自己事業上獲得成功的主要因素，來自於洞燭機先的判斷，與活下去的決心。這兩大因素讓索羅斯曾經自我嘲弄，他必須離開父親的理由是因為一個十五歲的小孩，思考方式卻像一個五十歲的老人，是一件很不正常的事情。

索羅斯的少年時期，產生對他一生至為關鍵的影響，尤其是膽識的培育。這些發生在特殊時代的影響，對於一個傳奇人格的培育是有正面價值的，只是沒有人願意經歷這些慘痛的經驗。戰爭中，所有猶太人都得面對生離死別的迫害，讓年輕人根本就沒有辦法擁有天真無邪的發展環境。相反的，他們時時刻刻都必須面對生命中最嚴苛的考驗。

更荒謬的是，二次大戰結束後，匈牙利又被蘇聯管控，關入鐵幕之中。索羅斯與父親一同前往參加在瑞士舉辦的世界語會議，然後在瑞士申請轉往英國的簽證。欲返回匈牙利的提瓦達，在臨走前把幾百元瑞士法郎留給索羅斯。從此，父親的影響就結束了。

知識必然是不完美的。

當我們必須依靠有可能出錯的知識，

做一切決策的判準時，

我們要如何執行這些決策呢？

·第三章·

青年時期：知識的建構

・踏上哲學的啟蒙之路

一九四七年，甫抵倫敦的索羅斯，在幾乎身無分文的情況下，選擇到倫敦政經學院就讀，鑽研哲學。一九五一年他取得哲學學士，然後在一九五四年取得哲學碩士。索羅斯對於哲學情有獨鍾的理由，可能與他的家庭相關，因為在他父親提瓦達的著作《化妝舞會》裡，就有〈猶太哲學〉的專章[5]。

〈猶太哲學〉這個章節中所談的主要內容，就是猶太人的生存哲學。猶太人做為一個在社會中普遍被歧視的族群，想要脫穎而出是「奢望」，用盡一切辦法求生存是「應該」。提瓦達強調，在生存的過程中，無論多麼困難，依然要保持幽默，總是以樂觀的心情，看待自己所遭受的不公平待遇。這一點，

5 《化裝舞會：喬治・索羅斯父親智取蓋世太保的真實故事》第三十一至三十七頁。

對於飽受歧視的猶太人而言，雖然不好理解，但這個觀念的涵意卻是——透過思想追求生存，能夠克服實質的苦難。

來自猶太家庭的生活經歷，對於索羅斯日後在生涯中的成就非常重要。這個令誰都不愉快的經歷，教他學會兩個在市場中非常重要的課題。第一是，對於未來的發展，永遠要保持戒慎恐懼的心情，最好是能夠以悲觀的態度看待未來，絕不自我滿足；第二是，對於人性的發展，永遠要維持樂觀的態度，認為人總是能夠憑藉思考的力量，發明解決問題的理論，針對日常的現象，歸納出改善生活的方案與策略。

這兩項課題正好成就索羅斯，讓他同時擁有投資者與慈善家的兩種身份。前者是悲觀的、謹慎的，以及獲利的；而後者是樂觀的、大膽的，以及捐錢的。這兩個課題的掌握，不但構成索羅斯一生中最重要的兩項事業，也都是在這種「猶太哲學」下所發展出來的結果。

在這兩項事業中，索羅斯給自己三個頭銜。第一是失敗的哲學家（這是他自己的稱謂，但這個稱謂讓我們學院派的哲學家感到很無奈，因為失敗的哲學家竟成為一代富豪）。第二是投資客（投資客已經是尊稱了，應該叫他「投機客」，許多人直稱他為「金融巨鱷」）。第三是慈善家（稱呼慈善家的理由是，在二〇一四年以前，他已經捐了一百一十億美元給他所成立的「開放社會基金會」）。

這三方面大致構成索羅斯一生的寫照，但它們都與哲學相關，尤其是他在倫敦政經學院就讀哲學系時的經歷。我認為，學習哲學，尤其是學習「科學方法論」這件事情，就是索羅斯摸索人生的一座燈塔。在學院鑽研哲學之前，索羅斯已經在青年時期學會了追求生存的膽識哲學，加上學院派的哲學，讓他發現，兩者都有缺點，但透過互補可以彌補這些缺點。

因為這個緣故，所以索羅斯的哲學極具批判性，甚至爭議性，但是在成功的投資經歷下，他將自己對於哲學的體悟，發展成為一套「反射性理論」。

然後，他以在投資事業中的實戰經驗，將反射性理論直接應用在獲利的過程中，並宣稱，這是他賺錢的「煉金術」。他以《金融煉金術》（*The Alchemy Of Finance*）為題目，在一九八七年將這段經歷付梓出版，轟動一時。二〇〇三年，在這本著作的第三版裡，美國前聯準會主席保羅．沃克（Paul Volcker）在它的〈序〉裡寫道：

> 對我而言，他（索羅斯）堅決地訂正教科書中所列舉，有關市場效率與理性期待的理論模型，並宣稱這些理論模型為「市場基本教義派」；它們只能導致錯誤與扭曲的結果。

索羅斯強調，市場參與者並非日常意義下的非理性或無效率，同時他們的期待也不是不重要。關鍵是這些期待不但不會達到穩定均衡，甚至這些市場參與者的思想與行動會影響市場。同時，這個受影響的市場會將真實「反射」到市場基本教義派的理論。這個反射的過程，會持續不斷地以反射的方式，加大參與者對於市場錯誤的期待。

從一個比較寬廣的角度而言，因為索羅斯在此（本書中），回到他對哲學的原初最愛，所以他自始就將「反射性」的運作，當成人類存在的核心本質。人類必須思索真實，而思想就是其中關鍵的部分[6]。

上述這三段話是在索羅斯所有的著作中，有關他的哲學部分之精華。因為它們太精闢了，所以我們在本書接下來的篇幅中，會不斷地針對這三段話所代表的哲學理念進行說明與解釋。然而，索羅斯本人也對於自己在年輕時期就提出一個與眾不同的理念感到驕傲的同時，卻也因為未受到學術界的青

6 《金融煉金術》第三版第xii頁〈保羅．沃克序〉。

睞而說自己是一位「失敗的哲學家」。

為什麼索羅斯說自己是一位「失敗的哲學家」呢？答案來自於他對波普哲學的興趣。

根據索羅斯自己的說法，他真正被哲學吸引的時刻，是他在倫敦政經學院就讀時期，閱讀波普的著作《開放社會及其敵人》時。當時，他一讀到這本書，立即被迷住了，並且決定到波普門下就學。從此兩人結下深緣。一九六二年，索羅斯已經在美國從事金融工作，但他依照波普的理念，寫成一部博士論文《意識的負擔》（*The Burden of Consciousness*，未出版）。

《開放社會及其敵人》這本書的主要意旨，就是「反對教條」。反對教條的人，是頭腦清楚與膽識過人的人。因為反對教條，他就必須要能充分理解，使教條成為可能的背景，然後先反對這個背景，再反對這個教條的內容。但是，索羅斯認為，大多數人相信教條的原因，往往是因為缺乏反對主流想法的勇氣。他還認為，只有哲學上的訓練，才能夠讓一個人獲得清晰的思維與自信的勇氣。

・卡爾・波普的哲學影響

索羅斯受到波普的影響很深，讓他在所有的著作中，都承認所有自己在思想上的啟蒙，無論是財經投資，或是貢獻社會，其理念的核心都來自於波普的科學方法。波普的哲學既傳統又新穎。這個哲學新穎的地方，在於它強調一種負面的方法學；而這個哲學傳統的地方，在於西方哲學從一開始就是以「否定他人的哲學思想」作為發展的主軸。

波普認為，科學的本質就是建構知識，而在沒有絕對真實的情況下，所有我們能建構的，就是提出假設，然後盡量否定這些假設。波普認為，科學知識就是這麼來的，而科學的歷史，就是否定假設的歷史。這就是波普影響索羅斯的核心觀念，我們稱為「否證論」。

對於波普而言，當我們提出或發明一個理論的時候，我們對於這個理論的態度不是捍衛它的真實，而是在容易暴露這個理論缺失的情況下，卻能夠讓這個理論面對挑戰。例如說，當一個理論指出明天下雨或是不下雨時，這個理論雖然是對的，但是卻沒有價值，因為它沒有被否定的風險。

可是，當一個理論預測下周二晚上八點鐘會有月蝕發生時，這個理論則面對了「到時候依然看得到月亮」的風險。對波普而言，有可能出錯的理論，其價值超過了不會出錯的理論。這種「肯定錯誤」的哲學思想，就是我所謂的負面方法學。因為是負面的，所以一個成功預測月蝕的理論，也不會是一個真實的理論，而是一個暫時通過檢驗的理論。

最重要的是，這個理論的檢驗，是希望能夠否定，而非肯定這個理論。

對於波普而言，否定的價值是多層面的。首先，否定可以讓我們發現一個理論所能夠涵蓋範圍之外的可能性。其次，在了解理論限制的同時，我們也能夠感受到，理論只是人為的發明，它是一個企圖模擬世界的模型，卻絕不會是世界的本身。

正如同我們看到日月星辰的移動一般，其實這些都只是它們在我們面前呈現的現象，也都是從人的角度觀察到的天象而已。只要是人所觀察到的，就因為人有時間與空間的限制，這些觀察就不會是絕對真實的。因此，波普的否證論讓我們產生一種必須隨時面對修正的不安感覺。這種感覺違反一般常人偏好追求的穩定與和諧，但卻是唯一真實的。

波普的理論其實是很傳統的，原因是這個理論情有獨鍾地熱愛西方哲學第一人——蘇格拉底（Socrates）的想法。蘇格拉底述而不作，但是他的思想總是以反駁他人為主，甚至因此而洋洋自得，想盡一切辦法，用言辭辯論的方式，逼使他人承認自己的無知。蘇格拉底曾經自我嘲弄，認為他的所做所為，與一隻愛螫人的牛蠅無異。波普也喜歡做牛蠅。

波普喜歡做驚人之語，但目的不在於讓人感到難堪，而在於讓人知道：人唯有在被挑釁的情況下，才會注意別人的看法。索羅斯第一次與波普見面時，波普表示對於索羅斯不是美國人感到失望，這令索羅斯相當吃驚。後來他才知道，波普說這些話的目的，是希望所有對於《開放社會及其敵人》感到傾心的人，最好是沒有在歐洲經歷過封閉社會的美國人。這個表面荒謬，其實有理的說法，讓索羅斯終身難忘。因此，我們可以直接以「負面理性」這個稱謂，涵蓋波普的哲學。這個稱謂使得我們可以進一步詮釋波普哲學中，包含了如下的三個部分：

第一，不完美的理解。

第二，激進的可錯性。

第三，肥沃的錯誤。

對於波普這麼一位想法與眾不同的哲學家而言，這種強調「必然會出錯的哲學」，不但是好的，也是我們能夠達到科學知識的方法。

波普對索羅斯最主要的影響是認識「世界是不完美的」。所以，我們建構的理論會出錯。同時，索羅斯對於波普的理論，提出他自己的詮釋。波普哲學強調，建構理論是發展科學的起源，但是索羅斯充分理解，所有人宣稱的「知識」，不是知識，而是有缺陷的建構。我們可以應用這些理論，卻別忘了它們的限制。我們也應當知道，這些限制在發生錯誤時，才會顯現出來。索羅斯的反射性理論就是波普哲學的應用，但他也作了重要的修正。

・索羅斯對於波普理論的詮釋

波普的理論主要是「建構科學知識的方法」。因此，學習這個理論的目的，就是為了建構，或是直接擁有科學知識。然而，我們為什麼需要建構科學知識呢？答案很明顯，就是因為我們想透過知識的確立，認知真實的世界。認知真實是我們的天性，理由很簡單，就是沒有人願意活在虛假之中，或是活在被矇騙之中。

問題來了，那什麼是真實呢？最簡單的答案，就是知道，什麼是「真實存在」於這個世界中的一切。真實存在並不是完全客觀的，因為它也包含我們人的思想與行動。我們的思想決定了行動的方向，而我們的行動，不但改變世界，也讓改變後的世界，成為真實世界的一部分。讓我們用蓋房子做為一個例子，說明這裡所談到的內容。

建構一棟房子的材料都是客觀存在的，包含木頭、泥巴、石頭、茅草等等。但是，僅有「材料」，也還是蓋不出房子。要蓋成房子，除了材料之外，還需要有建築師的「理念」，所以建築理念也構成房子真實存在的一部分。當然，建築工人的「行動」，讓房子得以蓋出來，也是真實的。

這三者的結合，不但創造出房屋，也建構出村落、城鎮與都市。它們的結合，也讓材料、思想與行動三者合一，成為我們眼前所見一切真實的總和。因此，從真實存在的角度而言，所有人的規劃與想法，只要付諸行動，不但能夠存在，也就是我們所認知的真實。

請注意，這裡所談的真實，已經是材料、思想與行動的結合。這個結合使得我們所謂的真實與思想的區別，是很難一刀兩斷的。思想的事物，其實可以不真實，比如說胡思亂想的事物，但真實的事物卻有可能來自於我們的思想。這是一個很重要的觀念，因為這個介於事實與思想的辨別，構成了科學的主要內涵。

其中，科學的「科」，主要是針對研究對象所做的分類。一般而言，科學可以分為自然科學與人文社會科學這兩種。如果科學研究的對象，純粹是客觀存在的實體，例如日、月、星、辰與母雞孵蛋等等這些自然現象的話，那麼這方面的研究，就叫做自然科學。如果「思想」本身就是科學研究的物件，或將受思想影響所採取的行動，例如將政治、社會與經濟等行為作為研究對象的話，那麼這就是人文社會科學的基本範圍。

當然，人文社會科學也是比較複雜的科學。為什麼比較複雜呢？原因正是因為，我們人，尤其是人的思想，本身就是人文社會科學的研究對象，所以我們的想法與觀念，都成為知識的一部分。然而，因為我們沒有能力控制別人怎麼想，所以我們無法完整掌握思想在建構知識中所扮演的角色。

相較於以日、月、星、辰，作為自然科學的客觀研究對象，用思想建構政治、社會與經濟理論的人文社會科學的研究對象，就其本質而言，是主觀的。主觀的研究對象很複雜，因為包含別人的想法，甚至自己的想法，而我們每一個人的思想，都會變。坦白說，有的時候，我連自己到底想什麼都搞不清楚，怎麼可能完全掌握別人的想法呢？

因為這個緣故，所以任何牽涉到人思想的知識，其實都不是完整的。我們也說，所有的知識都是「假設為真」的，是不完美的。波普的想法更為極端一些，因為他認為，無論是自然科學還是人文社會科學，都少不了人的參與，也因而都無可避免的由人應用理論，然後解釋研究對象。所以，任何科學知識都是不完美的，有可能出錯的。

波普這個不分自然科學與人文社會科學的觀念，構成索羅斯對於波普哲學批判的重點，主要的理由是因為索羅斯認為，波普輕視了主觀思想在型塑人的世界時（尤其是財經市場）所產生的力量。這一點，是我們在後面談到「索羅斯的哲學應用」篇幅時要做的說明。現在，我們需要針對波普哲學裡，索羅斯情有獨鍾的部分，也就是「知識的不完美性」這一點，說明他對於這個理念，有哪些獨到的掌握，促成其財經哲學的應用。

‧知識，必然是不完美的

基本上，索羅斯確認「知識就是不完美的」，但他做了更進一步的詮釋。他認為，這不但是我們人類在本質上的限制，也是我們在建構知識的過程中，所僅有的部分。他問，當我們必須依靠有可能出錯的知識，做一切決策的判準時，我們要如何執行這些決策呢？實際的情況可能更糟，因為這些決策極有可能就是真實的一部分；為什麼呢？

因為先前的決策，會影響我們做下一個決策的想法，產生後來事件連續不斷發展的因果性。「因果性」就是我們用來解釋外在世界中，發生一連串事件的基礎。雖說如此，但是這裡的因果性仍然是假設的，只是我們根據先前的判斷，所延伸的一部分，而不是說，在真實世界中，或是在自然世界中，因果性真的存在。在哲學中，這種因果性之所以能夠獲得被應用的機會，理由是因為，我們人天生就會應用歸納的方法。

所謂歸納的方法，簡單來說就是，將過往的經驗，事件發生的特徵，歸結成為一個規律，納入我們思考模式中的結果。因此，從寬廣的角度而言，歸納的結果，就是我們自己針對經驗中所歸結出來的心得，而不是自然世界中真實存在的一部分。因為它不是真實存在的一部分，所以就有可能出錯；或者說，因果性有可能是我們一廂情願所假設出來的。

比如說，我每天早上做運動的時候，都會遇見老張。我們在一起聊天、打招呼、走路；總之只要我外出運動，就會遇見老張。這個相遇，久而久之，成為一個規律，但這個規律，並不代表我今後外出做運動的時候，必然會遇見老張。原因很多，但最重要的關鍵在於，我與老張其實都擁有獨立的心靈，各做各的決定，有的時候因為種種的原因，這些決定長期相似，讓我們總是能夠在運動場見面。但我們總是能夠在運動場見面的這個現象，依然純屬巧合，並不能夠說，咱倆心有靈犀。

問題是，太多人傾向用歸納的結果，解釋外在事件的規律，甚至更進一步認為，這些規律本身就像法則一般存在於外在事件中。他們認為，事件與事件之間發生的連動性，就已經對我們透露出這些事件之間包含相循發生的因果性。一般人甚至認為，因果法則決定了外在事件發生的原因，因此只要我們透過理論設計找到因果法則，那麼我們就可以預測未來事件。

對於這種想法，索羅斯認為，這正好說明一般人的想法，並不是完全理性的。想法不理性其實還不是最要命的，因為最可怕的是，一般人有一種「扭曲事實」的傾向，不願意接受這些事件之中並沒有完美的因果關係。他們還反而認為，我們有能力建構不會出錯的完美知識，因為我們可以充分掌握事件發生的因果關係；索羅斯認為這是不可能的。

為什麼？原因就是因為，我們的想法本身就是影響因果的一部分。換句話來講，對於發生中的事情，思想與事物之間是互動的。我的想法會導致事物出現，而新的事物又會影響我的思想。如此相互循環發展，導致沒有那種介於思想與事物的區別，使我們不能單純透過思想，掌握事件與事件之間的因果關係。我們的思想就是導致事件發生的原因，而出人意料之外的事件，正是我們思想迷障所造成的結果。

有些事情之所以會是出人意料的原因，就是一般人假設：事件的發生是有規律性的。但是，這個假設其實是錯誤的。舉例來說吧，當我想吃肉，或者吃魚的時候，我要想一下，然後做出決定。比如說，我想吃肉，那麼我接著就要決定去哪裡買肉。一旦我做出決定，去傳統市場買肉的時候，市場會賣什麼就由不得我了，而我想要吃什麼，也完全決定於市場販售的材料。

絕大多數的情況是，我的確可以在傳統市場買到我想要的肉，因為這就是歸納的運用，讓生活中的判斷經過多次的確認，在我的內心世界中形成規律。當我想吃肉，就去市場買。這是我們一般生活中再普通不過的事情，幾乎沒有什麼好談。然而，某天當我去傳統市場買肉的時候，剛好碰到賣肉攤販的公休日，讓我只好買魚。那一天，我決定去傳統市場，而非超級市場，就是導致我改為吃魚的理由。

你可以說這是偶爾發生的情況，但偶爾發生與科學知識所訴求的普遍性，有無可彌補的鴻溝。科學知識是講求普遍的，因此不准許例外，否則就不具有「知識」的地位。因此，相信科學普遍性的人，自然都不願見到意想不到的情況發生，但形勢比人強，「例外必然發生」，因為我們的想法往往影響我們認知的情況，而受到影響的情況，是沒有可能被準確預測的。

這是為什麼我們無法擁有絕對真實的原因，因為我們在做決策的過程中，一定會有主要的思想引導，為下一個行動，做出判斷，預計採取什麼行動、達到什麼結果。問題是，行動的理由，在受這項行動影響的人心中，會出現什麼改變，是完全不受控制的。索羅斯舉了一個非常有趣的例子，說明這個無法控制的情況。

如果，我對你說：「你是我的敵人！」你聽了這句話以後，會很不舒服，因此真的變成了我的敵人。問題是，當我說這句話之前，你並不覺得你是我的敵人，反而是因為聽到了這句話，影響了你的情緒，讓你真的變成了我的敵人！

真實的情況之所以不可知，正是因為「真實伴隨著我們的思想而轉變」。這種伴隨思想發展而出現的理解，讓我們必須承認，真實是與我們思想互動下的產物。真實是動態發展下的結果，而且只要有人的參與，那麼思想的力量，必定扮演一定的角色；這個角色讓我們無法靜態地確認真理為何。這是波普哲學的主要貢獻，也就是指出人類知識的不完美性。

認知人類知識的不完美性是知識建構中最重要的步驟，但很少有人願意接受這個事實，因為絕大多數人相信完美知識是可能的，尤其是參與市場的人。為什麼？因為參與市場的人，必然是認為賺錢是可能的人，所以他們往往認為，「市場是可以預測的」，並且在預測的基礎上，早做佈局，設定方位，因此創造獲利的空間，大賺其財。

索羅斯當然不會認為賺錢是不可能的，也不會承認投資與賭博沒有什麼差別。事實上剛好相反，他不但認為賺錢是可能的，而且他還認為，賺錢的基礎剛好就建立在大多數市場參與者忽略了波普哲學給我們的教誨。波普哲學教導我們：天下沒有完美的知識，所有的知識都會出錯；但市場參與者，他們所讀的教科書卻教導他們：供給與需求會自然達到均衡的完美狀態。

一般財經學者認定完美狀態存在，可以透過理論展示客觀知識，並且透過主流教育的影響，將這些完美知識以各種模型、公式、系統與工具記錄在教科書中。這些學術團體奉完美知識為圭臬，讓管理階層尊它們為聖旨，讓國家機器視它們為方針的現象，都是我們今天耳熟能詳的事情。這些發生在我們眼前的事情，其主要問題就是誤以為知識透過理論作了完美的呈現。這種以假為真的態度，一旦應用到市場操作中，就出現理論扭曲真實的現象。

當這個現象伴隨著實際發生的情況，慢慢地就會出現背離事實越來越嚴重的狀態。在這個時候，真實的反撲，就會從各種意想不到的財經災難中反射出來。這就是索羅斯所謂的「反射性」。誠如先前沃克所言，反射性之所以是一個深具獨到之處的哲學創見之原因，還不只是因為它批判了教科書中所代表的主流理論，更是因為反射性的發生，完全來自於人性本質中的盲點。是人，就會有追求完美知識的本能，而只有哲學能夠讓人注意這個本能對我們設定的限制。

・反射性理論：認知與操控

反射性理論基本上就是建立在這個「錯誤必生」的觀念上。這個理論談的是人的思考，其中包含兩種功用：認知（Cognition）與操控（Manipulation）。

我們面對自然，透過思考，認知它是什麼，陳述它是什麼；最後，我們相信所認知的結果，不但足以決定自然是什麼時，我們還會「相信」自然就是這樣；至於自然的真實狀態則是一個不能問，也不能知道答案的問題。然後，一旦我們知道人所建構的「自然」為何時，我們會想操控它，掌握它，甚至只信這個操控的結果為真。

為什麼我們會對於理論信以為真呢？原因有兩方面：歷史的與理論的。人類在漫長的歷史中，對於「自然」充滿神秘的嚮往，直到科學時代的來臨。兩百年前，也就是在十八世紀，歐洲出現了啟蒙運動。這不是普通的運動，因為它一旦出現就不會停止，原因是啟蒙運動藉由發揚科學理性，徹底地改變人與自然的關係。科學做出無限的承諾，而自然只是一個靜態的對象，讓科學研究人員去發掘、認知，應用，甚至操控。

今天，我們活在科學時代之中，所以對於啟蒙運動的成果，可以說是耳熟能詳。科學理性不但帶來許多新的發明，卻也否定所有舊的迷信。在否定這些迷信時，說來好笑，這個否定的方式，並不是靠證據，而是靠另一個迷信，也就是「科學會為我們帶來無止盡的進步」！在這個「新迷信」下，人類志得意滿地發展認知自然世界的力量，殊不知在得意的背景裡，人類一直處在一廂情願的自我滿足中。

這個「信以為真」的結果，就是我們人類從啟蒙時代以來的宿命。我們在追求知識的過程中，一直相信理性足以讓我們理解自然，所以只要發揮思想的力量，自然就會是我們的「囊中之物」。呈現這些「戰利品」的，就是我們建構的理論與模型。這些理論與模型未必在一開始時就是完美的，但因為科學會持續進步的信心，讓我們相信獲得完美知識是遲早的事。啟蒙的心態，塑造我們的宿命，讓我們認知外在世界的同時，卻不願意承認認知的結果必然會出錯。

啟蒙運動所導致的錯誤有很多種，例如倫理、環境、生態、發展等等。但這些問題不是索羅斯所關注的重點，因為他致力於將波普的科學哲學應用在財經世界之中。所以，索羅斯所關注的問題是：這種受到啟蒙運動影響下的求知心態，在市場的運作中會發揮什麼作用呢？在這個問題的回答上，索羅斯的答案，構成他哲學的精華，其中最重要的部分，就是他同時說明「理論的真實性」與「對於波普科學哲學的批判」。

波普是科學哲學家，因此他理解我們對於外在世界的認知得依靠經驗；經驗是建構科學知識的關鍵。然而，在「否定理性」的影響下，他反對經驗可以在歸納的應用下，提出完美的知識。雖然「反歸納」邏輯是波普哲學的精華，但他也承認，在建構科學知識的過程中，我們又不得不依賴經驗。然而，在另一方面，我們又不能說，透過經驗所感知的世界，就是真實的世界。波普認為，對任何學科進行探討的方法都一樣，就是從經驗出發，然後批判所有用經驗所建構的理論。

索羅斯否定波普認為科學是統一的，不分自然科學與人文社會科學。自然科學的研究對象是自然，不像人心那麼具有目的性。人文社會科學則因為不但將人心納入研究對象，還將人心所認知的事物當成「自然」的緣故，所以在認知「自然」後，會有強烈的目的思維，想要操控它（「自然」）。同時，也正是因為這個目的性，再加上原本就不是知識的認知結果，使得人文社會科學中所建立出來的模式，一方面具有符合經驗的外表，卻又有謬誤的本質。

談到建構知識的過程，不分對人的經驗與對物的經驗，一定是有問題的。索羅斯認為，人的經驗裡，有一個特徵是波普沒有注意到的，那就是「人的經驗有目的性」。假設有一個人進了一個陌生的房間，他不會漫無目的地四處觀察。如果他是位電腦專家，那麼他一定會對於這房間裡的電腦特別注意。如果他是位裝潢專家，那麼他一定得看看這房間的裝飾夠不夠好。如果進入房間的這個人是個警察，那他一定會看看房間裡有沒有可疑的事物。

所以，每個人進入新的環境，他的觀察都會因為原有的認知，有他的目的性。然而，有趣的是，這些觀察的目的，往往決定我們所觀察的內容，成為存在的事物。至於其他觀察不到的部分，則因為每個人背景知識的不同，或是觀點不一致的原因，根本就不具有存在的理由與條件。這個看似偏頗的觀察目的性，雖然構成一切謬誤的開始，但也是讓理論具有真實性的主要理由。因為我們觀察的目的與觀察的結果是一致的，所以存在的原因與認知都是同一套思維的產物；我們也會覺得，這套知識是不會出錯的。

索羅斯認為，這種情況就是人文社會科學建立理論模式的起源。這些模式，一方面具有符合經驗的外表，卻又有謬誤的本質。這種矛盾的結合，讓許多人在認知事物之後，就會因為所有認知結果的一致性，而相信理論的解釋力。在成功驗證幾次之後，人們以後就會深信這些理論。我們深信這些理論就是真實的之後，就信心滿滿，不但將理論視作完美的知識，還會基於獲得利益的理由，操控它們。

就是這個建構出來的理論，結合過往的經驗，歸納出未來的規律，以及發展出融貫的系統。在這三點的聚集裡，經驗、規律與系統成為一個融貫的整體，加上教育的強化、教科書的統一、體制的整合，讓所有人都在不疑有他的情況下，接受理論的真實性。久而久之，我們就像遭受操控一般，認為眼前的一切，如果不是真實，那還會是什麼呢？

電影「駭客任務」（The Matrix）裡的內容，就是告訴我們，最高明的操控，就是在「不知情」的情況下發生的。電影裡有一句話：「你要怎麼確定，現在你是在母體裡面？還是在現實世界裡呢？」我們要怎麼知道，現在的想法是被操控的結果，還是正確的呢？然而，如果我們生活在這個融貫世界裡頭，生活中處處是約定俗成的認知，我們會習以為常地認知世界中的一切，並不會認為在這個世界之外還有什麼其他的東西。

因為我們不可能離群索居的緣故，所以我們必然與他人共處在一個世界中。換言之，沒有人可以脫離這個環境而單獨存在。我並不是說我們活在夢中，事實上是大家因為共享一切而連結在一起。所以，在認知世界為真的情況下，我們就會出現相信一切為真的自信心。很明顯的，這是一種「誤認」，因為我們並不擁有真實，可是在「理論可以進一步修正」的科學方法下，這種誤認倒沒有什麼問題，因為這本來就是歷史與理論雙管齊下所導致的結果。

問題是，在財經世界中，尤其是在古典經濟理論裡，這種「誤認」就是市場出現泡沫的主要原因。

關鍵就是利益的操控。操控是人的本性，只要對於所操控的對象有絕對的把握，那麼人必然會進行操控。原本這是不可能的，可是啟蒙的歷史增強了我們的自信心，而理論的建構確實一再再地蒙受經驗的確證。歷史與理論兩者相加，讓人認為，完美的知識不但可能，而且可以為人類經濟行為預作規劃，追求最大的獲利空間。簡單來說，財經世界，就是哲學的極致展現，因為在這個領域中，我們處理的經驗，正是人類最強大的慾望——獲利！

獲利的慾望，讓每個人在被操控的過程中同時也扮演了操控他人的角色。索羅斯將整個人倫社會轉換成為一個大市場，解釋為何他一方面從事市場操作，另一方面持續研究科學哲學的內容，並將研究心得注入到他日常生活中對於市場的理解。

這是索羅斯的獨到之處，因為在此之前，財經學術界知道哲學對它們的研究有幫助，但總是拿來做參考，不會深入探討。索羅斯則不同，他用哲學作為理解市場的主軸，以理念延伸出來的詮釋，提出對於市場的評估。他在充分認知市場的謬誤下，永遠步步為營，小心謹慎；在出現市場動盪時，他早就做好準備；在大家得意洋洋時，他已經預見市場崩盤的危機。

有的時候，將哲學與市場結合在一起思考的結果，絕對比生活中的經驗更為真實。人倫社會的理解，是一種哲學，但在懂與不懂之間，只有意境上的不同。懂得人被尊稱為上人，但不懂的人，可以聳聳肩，下次再想想。可是市場就很不同了。市場講賺賠、論輸贏，尤其在市場投資過程中的痛苦，不是假痛苦，是真痛苦。雖然人生就像是一個大市場，但市場裡頭的痛苦，不但真實，也很具體。這些痛苦是掩耳盜鈴的結果，因為起點的錯誤，在加大操控下，真實必然會反射出這些錯誤。

索羅斯將認知與操控的理論，延伸到市場的分析。原來市場的結構，與我們認知的世界差不多，而所有人參與市場的目的，一樣也都是透過觀察與分析能力，做出判斷，在買賣之間，看看能不能賺錢。問題是，財務金融這門與人的行為息息相關的學科，其操控的部分不必來自於認知，很可能直接來自於操控，甚至在背離事實的情況下，做出膨脹式(Inflated)操控。

「膨脹式操控」就是公司A兼併公司B後，以金融手段或融資貸款的方式，將公司B的股票作成膨脹式的價格。然後，用這種膨脹式價格製造出公司利潤，進行其他方式的市場操控。在這種情況中，基本面所代表的意義，已經完全變成一種操控的結果。這就是真實與虛假之間差距加大的謬誤，而這個差距遲早是會反射出來的。這就是「反射性理論」的精義。

你必須從動態的角度去思考市場的變化。

雖然這些思考依然不足以

讓我們充分理解市場，

但它們使我們與不做這些思考的人

有根本的不同。

這些不同，就是索羅斯獲利的關鍵。

·第四章·

成年時期：常識的確立

・人為的知識有其限制，所以我們需要常識

坦白說，索羅斯的哲學很抽象，尤其是他的反射性理論。其實，這是一個有趣的理論，因為它並不難，而且索羅斯認為，這個理論在他投資的生涯中扮演了關鍵的角色（也就是使他致富的角色）。照常理而言，反射性理論應該是所有投資者的最愛，結果是索羅斯自己都對於投資大眾的理解能力缺乏信心。其實答案很明顯，就是投資大眾對於他的哲學理論沒興趣，只對於他的「投資」有興趣。

想要理解反射性理論的關鍵，我們需要先釐清知識與常識之間的先後關係。在索羅斯的分析下，不難看出他是從建構科學知識的過程中，說明知識的用處與限制。知識的用處在於透過理論，我們可以對外在世界進行系統性的理解，可是我們必須知道一個「知識的限制」的常識，那就是「人是有限制

的」。雖然我們活在同一個世界中，但沒有人有能力知道這個世界的本質究竟為何。因此，人對於這個世界所作的描述，都是藉由經驗猜測的。雖然經驗具有表面上的解釋力，但知識追求的是真實，不是表象。

有一次在接受美國有線電視新聞網（CNN）專訪的時候，索羅斯脫口說出，我賺了這麼多錢的事實，證明市場是不完美的。我認知市場的不完美性，並充分地應用了這項事實，它們就是我富裕的理由。許多想發財的人，都會鑽研索羅斯的投資理論，但是看到他把發財這件事說得那麼容易，那我們就必須問：什麼是市場的不完美性？其實，說市場會出錯，並不是什麼高明的知識，而是類似我們日常信念的常識。如果不用常識性的觀點看待反射性理論，那麼我們會治絲益棼，反而把一件簡單的事情，弄複雜了。

反射性理論是索羅斯用常識（不是知識）去解釋市場結構的一種方式。這個方式最特殊的部分，就是它要求在實際的情況中，要用實踐的方式來檢驗市場的機制。因此當索羅斯提到反射性理論的時候，這不是一個理論模型，而是一個實際上在操作市場應有的態度。比如說，在反射性理論當中，我們要戒慎恐懼，以「會出錯」的態度來面對市場。這也表示說，市場不會像一般經濟學家所說的，透過供給與需求的關係，自動維持均衡的狀態，達到預測的結果。

我們要經常反思：市場在什麼情況下，出現了不確定的因素？同時，我們對於市場的走向，要隨時提高警覺，認為市場就是一個完全無法準確預測的龐然大物。唯一我們針對市場能夠做的，只是不斷地反思，並且觀察在什麼時間點上，那些希望市場完美的人，他們所導致的心態，構成市場運作的結果與實際的狀況差別越來越大的時候。這個時候，就是市場反射出這個心態是錯誤的時機。我相信，連沒有上過學的人都知道，扭曲真實的下場是，虛假必有被戳破的時候，而這其實就是做人的道理，也就是常識。索羅斯在分析知識的結構之後，告訴我們：在市場中，常識對於做判斷，遠比知識重要。

為什麼常識比知識重要呢？難道受教育沒有用嗎？難道學術大師與常人無異嗎？難道這兩百年的啟蒙沒有帶來進步嗎？當然有用，學術大師當然有過人之處，啟蒙確實讓這個世界解除蒙昧，但是如果對於知識的建構過於自信，如果認為人定勝天，能夠擁有完美知識，確信市場可以自動達到均衡，人有能力規劃未來的話，那麼這些信念，就有可能成為新的教條，忽略「人是有限制的」這一個常識。

索羅斯承認，他致力從批判的歷程追求真理，這是他一生堅持的信念，其中的核心是：我們無法獲得終極真理。這句話有矛盾嗎？在思維充滿主觀目的性的人類世界裡，這句話的涵義與在自然世界中的客觀研究很不一樣。在自然科學研究中，謊言是錯誤，但在政治、社會與經濟的環境中，不實的言論經常運作良好。這是我們司空見慣的事情，也是誰都知道的常識，更重要的是，它是知識領域中所不見容的情況。知識講求完美性，容不下道德上的雜質；可是在常識中，我們都知道，沒有人是完美的。

關鍵是，我們要如何從常識中學習做判斷呢？索羅斯明確地說，這是從他一出生，父親提瓦達所給予的家庭教育中的一部分，也是影響他一生至為關鍵的一部分。

在這個教育中，提瓦達告訴索羅斯，人生中的際遇，沒有穩定的情況，只有不斷地變化；人算不如天算。在第一次世界大戰中，提瓦達被俘，但在戰俘營中，他因為辦報，被選為戰俘代表。他突然注意，因為有人越獄，隔壁營的戰俘代表被槍斃，所以他也帶部眾逃亡。不幸，因為逃亡的方向錯誤，再度被捕，他因此受困在莫斯科，晚了好幾年回家。

回家後的提瓦達，雖然任職律師，但對於講逃亡故事給兩個兒子聽的興趣，遠大於工作。提瓦達告訴兒子們，人生中需要隨時做好準備，該變則變，因為許多通行於日常的規則，在非常時期是不適用的。一九四四年，當納粹佔領布達佩斯時，提瓦達立即變得如生龍活虎一般，販賣假身分證，還幫助親友逃離拘捕。索羅斯曾說，這一段時間的經歷，居然讓他因為幫助人的緣故，感覺像天使一般快樂。

然後是蘇聯佔領匈牙利。在這段時間中，一開始提瓦達以優異的俄語能力（多虧那段戰俘經歷），任職於瑞士領事館。然後，他發現，瑞士與蘇聯為敵，於是馬上辭職。接來的時間中，匈牙利的情況越來越不好，於是索羅斯問他父親，他應該去莫斯科學共產主義，還是去倫敦見見世面？他父親說：「我對蘇俄太了解了，你應該去倫敦！」這個決定是提瓦達對兒子多年教育的精華，也是改變索羅斯一生的關鍵決定。

從此，獨自奮鬥的索羅斯以「防範未然」為師，認為所有的事情都可以變得更糟，而做好心理準備；這是防止更糟情況出現的不二法門。這也是為什麼，當在倫敦讀書的索羅斯一接觸到波普的否證論時，馬上將這個理論與他的家庭教誨結合在一起，對於人類形成知識的歷史，提出深刻的批判。他的批判中心就是：不要誤以為知識是完美的，而忘了常識的合理判斷。

・市場出現泡沫的必然性

索羅斯並不是要以常識取代知識，而是想要告訴我們：人的操控慾望，必然會導致扭曲局面。

運用在家庭教育中所培育的常識去面對人生，這可以說是老生常談，至於說，常識有用還是沒有用，可以說是因人而異，沒有標準答案。於是，為了要讓人們注意哲學反思的價值，也為了要向世人證明，他所提出的是真正有用的哲學，索羅斯決定向大家說明，他在市場上的成就，來自於對反射性與可錯性哲學的理解。這個作法一定會引發所有市場參與者的注意，因為他們都有一個共同的目的——就是賺錢。

在大家都想賺錢的情況下，所有企圖解釋市場的人都知道，「如何賺錢這件事情」並不是誰說了算，而是掌握所有人集體意志下的趨勢，讓「提早看清趨勢發展的人」在操作的過程中，掌握可乘之機。這是賺錢的道理，但問題是如何掌握呢？事實上，光有道理還不夠，必須要能夠清楚地把道理說出來，否則這跟迷信沒有什麼差別。

索羅斯努力的方向，就是把「知識的可錯性」與「常識的反射性」結合在一起，並且透過對於學院派哲學的批判，將這兩個理念說明成一體的兩面。

「反射性」經常出現在我們日常生活中，可以說是俯拾皆是。常言道：「紙包不住火」，就是這個道理。因為只要有違背常理的地方，就會出現令人詫異的改變。如果我們不以此為戒，還執意加深改變的幅度，那麼過度激烈的情況勢必會引發反撲。

我們可以說，這是做人做事的基本道理，並沒有什麼稀奇的地方。我們也可以說，求新求變是進步的動力，屢做驚人之舉並堅持所作所為，並沒有什麼不好。我們甚至可以說，如果連到底什麼是真實都不得而知，那又如何確定錯誤呢？畢竟在不知何為真、何為假的情況之中，又要以什麼作為標準，說明對錯之間的區別呢？

上述這段話是標準的詭辯，在哲學領域的討論中屢見不鮮。這種詭辯之所以有力量，是因為它預設了一種「不可知論」，也就是因為我們沒有辦法知道何者為真的緣故，所以怎麼說都對。這是哲學界中所有人都知道的事情，不過索羅斯卻採取了一條不同的途徑，讓他所討論的事物，不但有真假，而且它們還像基礎一般的堅固——這就是金融市場。

索羅斯說，反射性到處可見，的確不稀奇，但人在金融市場中，容不得你說三道四，因為賺錢就是王道、賠錢就是難受的道理太明顯了。其實在市場中的反射性，並不是一個經由推理所產生的概念，而是我們在認知世界中的常識。在市場中的人，喜歡將反射性解釋成為市場興衰與終必發生泡沫的理由，但它的道理其實並沒有那麼複雜。

反射性的道理來自於我們對「知識」的信心。我們說過，這個信心的培育，起源於歷史裡的啟蒙時代〈請見〈第三章〉知識的建構〉。從十八世紀以來，我們逐漸針對知識養成了三種信念：

第一，我們的思維可以與思考的對象分離。

第二，被理論呈現的思考對象是固定的。

第三，我們建構的知識是完美的，並且具有自我調節的均衡能力。

雖然這三點都不正確，但經濟理論卻很特別，因為它堅持這三點。首先，我們說過，思考與思考對象是相互影響的（而非分離的），就像生活中的各種處境與我們的抉擇息息相關一般；其次，我們的思考物件是動態變化的（而非固定的），因為每一個思考物件，其實都是先前思考過，並且是與更先前的思考對象互動的結果；第三，建構的知識不會是完美的，因為我們根本就不知道所謂的「知識」，在未來是什麼。至少，我們可以確定，知識是不可預期的。

整體而言，我們太過於相信理性的力量，卻低估情緒對我們所造成的影響；雖然大家都希望理性主義決定一切，但事與願違，有時候我們連為什麼大多數人期待股市上漲，以及不願意放空的情況都說不清楚。重點是，在不能排除情緒主宰下的市場，讓我們對市場的掌握不足，強撐「理論完美」的想法、認為市場可以無限操控的結果，只能等待市場必然反射般地發生泡沫。

在觀望氛圍至為濃厚與關鍵的金融市場中，泡沫發生的理由非常明顯，就是獲利的期望過高，讓投資人誤以為，獲利就是知識建構下的產物。

最要命的是，這些建構出來的知識，在一開始確實還能夠讓投資人掌握一些賺錢的要領，於是在無限制賺錢欲望的驅動之下，這些知識會被不斷地沿用到不適用的範圍，甚至以「扭曲真實」的方式，維持理論的有效性。這種本末倒置的做法，必然會產生市場崩盤，也就是我們所謂的泡沫。

索羅斯稱這種必然性為「彼得原則」（Peter Principle），意思是說：有一個能幹的人，名叫彼得，因為能幹，而一直升官、被提高職務。直到有一天，彼得被提升到一個他無法勝任的職務，然後在職場上出了大紕漏。這個原則也是一個可以說明「可錯性必定會發生」的原則。

在講求牟利的金融市場裡，這種錯誤會因為操控欲望的擴張，而不斷地發生。那麼對於必然會發生錯誤的情況，我們是否就應當保持悲觀的態度呢？答案是否定的，因為索羅斯認為——發生錯誤是肥沃的！

・肥沃的謬誤

索羅斯認為，「謬誤必然發生，但謬誤是肥沃的」。這是一句不好理解的話，因為謬誤怎麼會是肥沃的呢？會提出這個問題很正常，主要的原因就是因為，當我們在理解謬誤的時候，是以一種壓縮的態度，將「謬誤」與「肥沃」這兩個概念扁平化了。

在索羅斯的哲學中，謬誤，來自於思想與真實之間的分離。在思想能夠操控自然，並因而能夠達到表面真實的時候，「操控信心」進入逐步累積的過程裡，結果是，表面真實與實際情況相距越來越遠。這種分離現象的發展日益擴大，但「操控心理」卻逐步強化，最終必然會出現整體的崩壞。這是我們在前面描述過的內容，但在這一部分的內容中，我們最需要瞭解的是如下的這個問題。

為什麼我們在思想與真實分離之後，會出現這種信心累積的過程呢？答案就是在我們求知的過程裡，雖然我們並不知道真理究竟是什麼，但是我們對於解釋外在世界所建構的理論模型與系統，確實在初期具有相當程度的效果。例如說，遠古社會對於日蝕與月蝕的預測，就是一個很好的例子。

肥沃謬誤之一：被操控的世界，導致文化出現

古人在日常生活中對於發生日蝕與月蝕會感到好奇，於是會透過觀察所累積出來的經驗裡，歸納出理論模型，預測日蝕與月蝕的發生時間。這在古代是一件不得了的事情，因為能夠預測天象，代表國君擁有通天本領，政治權力自然鞏固。為此，預測的準確性就建立在觀察經驗中所出現的理論模型。這些模型在短期內是有效的，甚至還會形成預測用的公式。

然而，畢竟因為這些公式是觀察下的結果，只能從「人的角度」去看日蝕與月蝕，卻不能真實地解釋它們發生的原因。所以，長期運用這些公式的結果，會錯得一塌糊塗，出現謬誤。那麼，當我們用古代天文學為例，說明謬誤時，為什麼它是肥沃的呢？答案就是因為人類文明的發展，來自不斷地以有限的理性面對無涯的宇宙。在探索浩瀚無涯的宇宙中，最偉大的成就，就是預測天象，而令人最感到神奇的地方，莫過於準確預測天象。那麼做到預測天象的人們，必然信心大增，自以為認知能力突飛猛進，想要進一步操控世界更多的部分。

因此，被操控的外在世界，會受到進一步的規劃、建構與轉化。這些行動的結果，就是文化的誕生，甚至是文明的起源。索羅斯認為，這就是所有文化誕生的理由。人類能夠因此脫離蒙昧狀態，並且在規劃與建構中，對於自然進行轉化，成為不同的文化；這是一個很重要的歷史事實。雖然就思想與真實之間的差別而言，一旦到達極端時，必然發生謬誤，但在發生謬誤之前，單就思想對世界的改變，導致文化出現的事實，就是索羅斯所謂的第一種「肥沃現象」，也就是指文化的出現。

這也是我們因為改變世界，而累積信心的階段。關鍵是，在索羅斯的動態哲學中，這個階段是變動發展的，也是持續的。在這個持續的變動發展當中，信心的累積只是因為短時間有效而達成的，但長期固定操控自然的結果，最終會到達思想與真實極端偏差的地步；這個時候謬誤的出現，也就進入了第二種肥沃的階段了。

肥沃謬誤之二：泡沫是想得到的幸福

當索羅斯認為思想在規劃世界的過程中，雖然一直不斷地以理念改變世界，但在認知與操控的相互運作上，這種發生謬誤的可能性，一直不斷地因為應用不同學科而逐漸加強。我們一般認為學科中有三大類：自然科學，社會科學與財經科學。這三種科學的主要區別如下：

自然科學的對象是固定的，例如物理現象、化學現象與生物現象。人類針對這些對象設計理論，進行解釋與認知。自然科學的成就斐然，改變了世界，不用我多說。社會科學的對象就是理論，而人類針對這些由思想所建構的理論，在理論之上增加其思想，讓理論可以相互比較、修正與進步。不過，社會科學的進步有限，原因正是因為人心隔肚皮，無法達到預測的效果。財經科學的研究對象，則受限於賺錢的理論模型，而人們在這些模型之上所增加的是——在不賺錢的時候，對原有模型的修正，改變，甚至以新的理論取而代之。

很明顯的，這三種科學對象之本質，是區別它們的關鍵。嚴格來講，這三種科學的對象其實都不是固定的，因為連自然科學的對象，如自然中，從經驗所觀察到的自然現象，都可能因為人為理論的干預，而出現「假設存在」的現象。最明顯的就是當代物理學的量子現象，這種純理論化的現象，說明量子的存在與否是不能脫離理論的，而人就是設計與發明理論的主體。

社會科學的對象就不像自然科學那麼穩定了，主要的原因就是因為社會科學是以思想所構成的理論為主，而理論是有觀點的。當我們談論以社會為主的政治科學的時候，我們不會認為政治科學的研究對象，是一個像物理學那樣完全中立的客觀對象。政治科學需要假設「起點」，例如社會是一切政治現象的來源。從這個點，就能夠進一步發展系統理論。

在政治科學中，這個起點假設社會是一個包含所有人的整體。因此，這些人的好壞、利弊、得失，都是我們要思考政治問題的背景。那麼，在這樣的背景中，社會中的好處，應該由社會中所有的人共同享有。像索羅斯這樣的人，活在以社會為主的政治科學中，那麼他可能就沒有辦法施展他的能力，賺不了這麼多的錢。這也解釋，為什麼索羅斯一直要不斷地從不自由的環境中，移居到講求個人自由的地方。

而財經科學，本身就是一個令人頗感詫異的名詞，原因就是財經講的是財務經理，其實就是理財與賺錢的領域，這兩個領域都是以行為，甚至是以本能為主，怎麼會成為一門學問，更遑論是科學的呢？答案正在於這裡，因為科學方法的沿用，讓我們可以將所有的經濟現象，透過理論的建構，達到針對經驗去進行系統性的理解。簡單來講，透過科學方法的應用，我們能夠將理財與賺錢的經驗，轉換成系統性理解。這個理解，就是財經科學的主要內容。

財經科學一樣具有索羅斯所談的兩種發生謬誤的可能性，也就是可錯性與反射性，只是更為明顯一些。為什麼更為明顯呢？因為將財務經理操作成為科學的過程中，任何成功的財經原則，必然是獲取利潤的竅門，而在人人都想極大化利潤的情況中，財經科學非常傾向於將賺錢的成功案例，擴大轉換成為深度操控的對象。

我舉一個有名的例子，就是經濟學中的「供需理論」。這個理論說，市場的效率是由供給量與需求量之間的均衡所達成的。這是無誤的知識，因為市場就像一隻看不到的手，操縱人心，讓買賣雙方在價格上獲得最大的效益。供需之間，自動達成均衡，並使我們理解，賺錢的原則就是在最高的效率下，提供所有市場需要的事物。因此，一個懂得供需理論的人，應當在事先做規劃，提早知道市場的需求在哪裡，而提供貨物的人，也必須知道什麼是市場需求的東西。這就是我們公認完美的經濟理論，也是所有政府體制與經濟制度想要維持的理論。

問題是，在維持供需理論的過程中，不但政府有置喙的空間，甚至有操控的可能。中央銀行所主導的貨幣政策就是一個好例子，因為在資本市場中，貨幣與貨物之間的價格，是有可能透過政策進行調整的。例如說，市場的需要，必然因為資金的充沛而增加。同時，因為資金是貨幣，所以中央銀行可以透過降低利率的方式，讓資金充沛地流入市場，甚至中央銀行本身就可以大量印製鈔票。

很明顯的，這是目前正在發生的事情，其實也是市場長期不斷出現的現象。這些現象的結果，當然就是市場一次又一次不斷地面對資產泡沫，以及市場崩盤。我們在這裡說的「當然」這兩個字，講的就是索羅斯所謂的「反射性」。索羅斯強調，反射性這個概念，並不同於市場裡發生過一次又一次的泡沫或崩盤。原因就是，市場發生崩盤的紀錄，代表市場過去的歷史，而反射性就是一種常識性的概念——過度操控市場的結果，必然會因為背離事實，導致意想不到的災難。

在財經世界中，這個災難，就是一般所謂的「黑天鵝」。泡沫與黑天鵝都是比喻式的說明，但兩者的定義是很不同的。泡沫是市場操作不當的結果，我們必須承受，而黑天鵝則是我們壓根兒沒想到的災難。黑天鵝這個概念很有趣，因為它在一般人的心中，必然是想不到的災難，而不會是「想得到的幸福」。在這個定義中，如果有可能想得到，或是比別人早一步想到要如何避險的話，那麼這就是另一種肥沃，而這也就是索羅斯所指出，謬誤中的第二種肥沃。

從牟利度來講，我們都可以知道，發現市場過度操控的目的，就是在意想不到的災難發生之前提高警覺，提前做好避險的準備。如果不是用一整套哲學去理解這個道理，單單提前避險，實踐一般人稱之為「高處不勝寒」的常識，那麼「提前避險」這個觀念根本就是一句廢話。索羅斯哲學的重點，在於讓黑天鵝意想不到的性質降低，也讓我們理解，在市場的變化中，「可以」在事前看出一些蛛絲馬跡。

索羅斯的哲學系統，不但讓人理解避險的必要性，也鼓勵人們做出冒險的挑戰性。在他的理解中，自由經濟的均衡性根本是不可能的，因為供給與需求之間，不但不會達到最高的效率，還會因為政治、社會，甚至文化等等其他因素的干預，產生了強烈介入的效應。操控市場加上中央銀行的貨幣政策的引導，這一連串因為政策所造成的現象，就是最明顯的例子。

我並不是說，理解市場中的非經濟因素，就足以預測市場的走向。我並不認同這個觀念，原因還不只是因為非經濟因素太難掌握。我想強調的是，理解影響市場的多元因素，尤其是否認市場完美的印象。確立這些不同於一般人看法的觀念，讓我們有更多的理由從動態的角度，思考市場的變化。雖然這些思考依然不足以讓我們充分理解市場，但它們使我們與不做這些思考的人有根本的不同。這些不同，就是索羅斯獲利的關鍵。

肥沃謬誤之三：不怕出錯，隨時準備修正錯誤

謬誤，還具有第三種肥沃，這一部分與索羅斯的哲學思想息息相關。索羅斯哲學的特色，就是它裡裡外外都強調負面理性。負面理性是一種很特殊的思維方式，因為它不符合一般人的期待。我們討厭唱反調的人，喜歡啥事都沒有自己意見、趨炎附勢、迎合大家意見的人。然而，這卻是索羅斯與眾不同的地方，而且得自波普真傳的主要部分，也在這裡。他不但偏好負面理性，認定可錯性之外，還認為在人生的開創中不怕出錯，是一件至為關鍵的事情。

不怕出錯，幾乎可以說是索羅斯的座右銘，因為對他而言，這就是人生的關鍵常識。在波普哲學的鼓舞之下，這一點常識已經發展成為他人生的原則。索羅斯不但認為，我們應當以批判的態度面對人生的大小事，更需要在

容易出現不確定性的地方，例如財經領域，發揚主動批判的精神，提前看到謬誤出現的可能性。面對謬誤，我們必須處之泰然以外，也要體認錯誤因為具有督促我們修正原有行事方式的意義，而是肥沃的。

索羅斯哲學的關鍵是：我們所理解的世界，並不是真實的世界，而是我們企圖去理解世界的結果。例如說，當我們說到市場的時候，無論這個市場運作的多麼符合我們的期待、多麼有效率、多麼完美，這也不表示市場真如我們所想像那樣地存在；即使存在，我們也不可能以完美的方式理解什麼是市場。因此，當我們說市場並不真實的時候，我們的企圖就是一種鼓勵嘗試錯誤的態度。

當我們以嘗試的態度去理解市場，這個作法並不保證我們真正能夠知道市場為何，但在不排除會出現錯誤的時候，那麼這反而是那個真正比較能夠理解市場的人，因為這就是那個隨時準備修正錯誤的人。基於這個理由，所以索羅斯在他的著作當中，一直不斷地強調：在市場中的獲利者，一定要訓練自己，做一個跟別人不同的人。然而這裡所謂的不同，並不是盲目地與他人區隔，而是在確認市場的可錯性、反射性，以及不確定性的情況下，不斷地修改立場，注意情勢發展，提高警覺的人。

為什麼泡沫一定會來臨呢？因為絕大多數的人會認為市場的供給與需求之間，會呈現出自然均衡的完美狀態。所以，只要修正這些狀態不完美的地方，這個理論還是完美的，能夠為我們帶來均衡的市場。每當在這種理解獲得幾次成功預測的時候，理解的結果會根深蒂固地占據絕大多數投資人的心靈，錯誤地以為這些理解就是真正的市場結構。這些人甚至認為，這種能夠掌握市場的理解，是一種啟蒙式的思維。這就是讓索羅斯看到機會的地方，並在結合知識與常識的觀念裡，發揮他在市場中賺錢的見識。

索羅斯認為，謬誤是肥沃的，但他對於謬誤所加的「肥沃」二字，是很豐富的。「肥沃的謬誤」讓人以為建構出來的真實可以被充分應用，直到謬誤發生為止。在人類歷史中，這種「信以為真」的信心，不斷地創造各種自以為是的「啟蒙」，也確實創造出人類的文明；這不容我們否定。我們要否定的是，在財經市場中，因為建構理論的成就感而引發的操控慾望。

當這種欲望與牟利結合時，謬誤必然會因為扭曲真實而發生。索羅斯的反射性理論就是指出這個泡沫必然發生的理由。在一般的思維中，許多自我感覺良好的人會信賴自己所建構的理論，但參與市場的人，卻在賺錢的意願中，必須面對自己的錯誤。

接下來，我們要看索羅斯如何發揮知識與常識的結合，透過不尋常的見識，進行他的「金融煉金術」。

一九八五年八月十六日，

索羅斯以槓桿大舉買進德國馬克、日圓與英鎊，

總部位高達七億兩千萬美元，

同時加碼放空美元。

一個多月後，

這個見識讓他成為全世界最有眼光的投資人。

・第五章・

壯年時期：見識的發揚

・會賺錢的見識，就是洞燭機先的體察能力

我所謂的「見識」，從英文來講是"Insight"，若翻譯成中文，也可以理解成一種「洞燭先機的體察能力」。這是一種綜合人生經驗所累積的能力。在索羅斯三十多歲時，這種能力已經在培育膽識、知識與常識的集結之中，呼之欲出。

索羅斯在不平凡的時代中成長，培育了膽識。他又在第二次世界大戰之後的倫敦，跟隨哲學大師波普在倫敦政經學院學習科學方法，培養了知識。在學習知識之後，他對個人進行了反省，重新恢復了常識在我們生活中的影響。

萬事俱備只欠東風，索羅斯的思想準備充分，但少了應用這些能力的機會。非常吊詭的是，這「東風不來」的理由，竟然是他對於哲學情有獨鍾，無

法忘懷，讓他一直兢兢業業於發展哲學理論，卻沒有應用理論的機會，尤其是他在金融市場中，一直沒有實戰的經驗。

還好，索羅斯在一九五四年取得哲學碩士學位的時候，成績普通，算不上什麼哲學天才。但他不承認自己的哲學能力不行，還想繼續嘗試撰寫博士論文。可是為了生計，索羅斯曾經一度在威爾斯北部販賣皮包。很遺憾的是，迫於收入過低，為了追求好一點的生活，他大膽地寫信給倫敦金融中心所有的投資機構，自我推薦，願意擔任任何層級的交易員。但因為沒有社會關係的緣故，結果都石沉大海，最後索羅斯終於在一家同樣是匈牙利移民所開的交易所找到工作。

在這家公司中，索羅斯很快地就展現了投資的才華，嶄露頭角，並於一九五六年應聘到紐約工作。當時，人在紐約的索羅斯還在想，在華爾街工作五年的經歷，賺到的錢，足夠讓他好好的做一個不愁衣食的哲學家。的確，索羅斯計畫在紐約改寫他早年完成的哲學博士論文，題目是《意識的負擔》（*The Burden of Consciousness*），但在一九六二年，他發現自己論文的缺失，也注意到自己沒有進步的能力，於是索羅斯決定放下哲學工作，專心從事交易。這個決定改寫了世界財經的歷史。

從績效報告驗證哲學理論

索羅斯的投資才華立即引人矚目。到了一九六七年，他已經是一家專做歐洲股市的知名投資公司的首席分析師。事實上，從一九六六年起，索羅斯就開始進軍美國股票市場。在投資股票的過程中，他應用了哲學中的否證理論，將公司的十萬美元拆分成十六個部分，然後選擇幾檔他覺得中意的股票，進行投資。他詳實的記錄下來，他選擇這幾檔股票的理由，然後繼續追蹤每個月的報告，並且不斷地討論自己提出投資的理由與依據。最後，他每個月寫一篇績效報告。索羅斯拿了這些記錄與績效報告，轉寄給體制內的投資分析師參考。結果非常成功，尤其是在哲學方法的應用上，這些報告吸引了非常多人。

對索羅斯當時，千方百計想要擠入美國主流財經分析社群的目的而言，這是非常有效的做法。雖然這是一個大膽的嘗試，但他當時的想法是，只要受到任何分析師的青睞，就表示華爾街的財經社群中有人接納他的報告，開始試著理解以及引用他在這些報告中所記錄的獲利性。這對於索羅斯一直想檢驗他的哲學理論來講，也是大好良機，因為以往當自己手上只有哲學理論的時候，他只能算是紙上談兵，而現在用賺錢的標準來檢驗理論，可以說是符合波普所謂的「嚴格否證」。

否證理論告訴索羅斯如下的事實：如果得到其他證券分析師的正面回

應，雖然這並不足以代表他的理論為真，但至少就現狀而言，這是一個鼓勵。同樣的，如果他收到了負面的回應，他就必須嚴肅以待，質疑自己。

索羅斯舉過一個非常具體的例子，有一次，當他從某公司的管理階層那兒聽到一個完美的管理經驗時，索羅斯立即告訴他的投資顧客這個完美經驗，然後這位顧客從容地告訴他，這的確是一個很好的管理經驗，但是不要忘了，「管理階層的人士都是惡名昭彰的說謊者」。這一句話，立刻把索羅斯拉回現實中，他知道他誤信謊言了。

反射理論的滾利三部曲：直覺、趨勢、槓桿

在這種嘗試錯誤的經驗當中，索羅斯養成相信自己的習慣。他極其自信，卻也在投資事業上非常成功。一九六八年，索羅斯成立了他專做貨

運界股票的基金，叫做「首鷹基金」（First Eagle Fund）。然後在次年，也就是一九六九年，索羅斯以四百萬美元成立了他的第一檔私募基金，叫做「雙鷹基金」（Double Eagle Fund）。在一九七三年，為了爭取最大獲利，索羅斯離開了他服務十多年的布萊施洛德投資銀行（全名原文為：Arnhold and S. Bleichroede），轉而以一千兩百萬美元，成立自己的私募基金，名稱就叫做「索羅斯基金」，也就是後來赫赫有名的「量子基金」的前身。

在索羅斯的名著《金融煉金術》裡，有一段知名投資人保羅・都鐸・鐘斯（Paul T. Jones）為其寫的序。其中，鐘斯說：「索羅斯在一九六八年到一九九三年，以量子基金經理人的身份，創下歷史性的投資記錄，在這麼長的一段時間裡，他獲利的機率是四億七千三百萬分之一。」[7]

我不知道鐘斯是怎麼計算出這個數字的，但是量子基金的獲利情況，毫無疑問的，是有史以來的最佳記錄。如果你從一九六九年開始，在量子基金中投資一千美元，然後從不贖回，反覆投資的結果，那麼到了一九九五年的時候，你的一千美元已經成為了兩百萬美元。

任何人聽到這個數字，都會忍不住地想問，他是怎麼做到的呢？對於這個問題，索羅斯的回答很大方，其中主要的內容，大致有兩方面：一個是大膽看清楚趨勢，然後以槓桿提高買賣部位；另一個是充分應用反射性理論，專門挑選在完美知識假象下，注意人為干預的情況，然後找出其他人在配合這些干預所製造出來的獲利機會，轉而放空這些機會，讓謬誤成為肥沃的發財良機。

在看清趨勢上，索羅斯不諱言，他依靠的是直覺，簡化投資策略，不相信規避風險是用理論可以計算出來的。為了簡化投資的佈局，他極少做選擇

7 《金融煉金術》第一頁。

權交易，也坦誠在財經學術圈中，他是個外行人，不懂新奇的學術理論。然而，這並不阻止他在投資領域中，發揮直覺的作用。

索羅斯設計了一個以槓桿為主的三層投資結構，分別針對股票，債券與外匯進行操作。他在股、債、匯這三個市場中，大量引用比例不同的槓桿，然後選擇看空或看多的趨勢，配合不同資產的分配，讓這三層交易彼此之間相互增加獲利與避險的空間。在直覺判斷下，索羅斯只需要兩天的上漲與下跌，就能夠大致確定基金的投資部位是否恰當。

在應用反射性理論的投資上，索羅斯充分引用其常識的判斷能力，從非財經因素作判斷，讓他經常提出先人一步的決策。一九七三年，在以色列與阿拉伯的戰爭中，美國政府發現，埃及所採用的俄國製武器表現出色。於是，美國政府說服國會增加預算，提升武器品質。索羅斯嗅到國防產業增資、增量的氣氛，立即大舉買下洛克希德·馬丁（Lockheed Martin）這家軍火公司的股票。

另外一次是在瑞士滑雪途中，當索羅斯在閱讀《金融時報》時看到，英國政府準備為勞斯萊斯公司（Rolls-Royce Motor Cars Limited）紓困的時候，他立即下令基金同仁，買進英國的債券。索羅斯的投資策略以直覺為本，手法快、狠、準。他一旦做了投資決定，絕對不讓其他的人有機會，毫不遲疑，立即下手，甚至留下名言「先下手投資，再研究細節」。這句話也使得他的投資策，與一般人非常不同。

錯誤的市場信念，反射出一〇〇%的放空績效

除了在技術上進行他自己所創的三層連動架構之外，索羅斯還一直用他對政治的判斷，輔助自己看清市場的趨勢。例如說，從一九六〇年代末期開

始，公司經營集團化的趨勢越來越明顯，讓索羅斯看到人為干預下的轉變。越戰讓美國的軍火工業大幅度擴張，但一九七八年越戰結束時，國防高科技公司的經理人發現，為求永續生存，最佳策略就是合併一般公司，讓公司集團化，尤其是併購那些基本面不錯的公司。

併購的風潮一起，帳目上，公司的利潤增加，股票價格因此而上揚，公司的本益比成長反而更好看。於是併購風潮四起，連最平凡的公司都能夠取得亮麗的營運績效。到了後來，一家公司只要承諾進行併購策略，就能夠獲得滿意的公司利潤。為什麼會這樣呢？為什麼併購的概念取代了公司的基本營運，成為獲利的不二法門呢？

這是因為新的會計法規讓併購後的公司可以處置資產，又可以維持營運，追求獲利，導致併購本身促進股價上漲。這個做帳方式讓投資者蜂擁而至，將集團的股票視為投資標的，同時也出現一群專門炒作集團股票的投資人與集團的經理人合作。在基金管理人的媒合下，集團的股票成為一個炒作的對象，而這個現象讓索羅斯發現一個應用反射性理論的大好時機。

索羅斯說過，集團景氣建立在如下的錯誤信念上：無論公司是怎麼經營的，如何苦幹實幹，有無成長的前景都不重要，因為公司的價值建立在財務報表中的每股盈利。集團經理人充分利用這個錯誤信念，以超估的股票價格，繼續併購其他公司，並因而更進一步的拉抬股價。索羅斯說：「如果投資人理解反射性理論，並且承認獲利增長是來自超估的股價的話，那麼這個錯誤信念根本不會出現。」[8]

關鍵就在這裡，因為反射性所針對的現象，並不是面臨崩盤的風險，而是沉迷於完美架構中所導致的必然結果。所以，當有人漸漸發覺這個信念有

8 《金融市場的新典範：二〇〇八年的信用危機及其意義》第六十頁。

錯誤的時候，其他人卻依然樂此不疲地享受併購所帶來的熱絡景氣，導致併購的數額與野心越來越大，直到最後無法持續下去。這時，無法持續的併購風潮導致公司的股價下滑，而且產生連動，讓原先隱藏在景氣下的漏洞一一現形。集團獲利狀態其實奇差無比，投資人因此感到極度失望，經理人卻無能為力，結果就是：景氣進入寒冬，集團被迫瓦解。

這是一個反射性理論的應用，其中最具體的案例就是房貸信託投資公司。房貸信託投資是一項特殊的事業，因為在美國新修法的規定中，只要公司發放超過九五％的股利給投資人，那麼就不用繳交公司稅。在一九六九年時，開始有人注意到這條法律的可獲利性，紛紛成立房貸信託公司。其中，剛在財經世界嶄露頭角的「雙鷹基金」操作人索羅斯，就是最積極的房貸信託投資人。索羅斯很快就發現，這是市場中典型的大起大落的案例，並且為此寫了一篇研究報告。

在這篇報告中，他指出：「傳統證券投資分析的理由並不適用，因為在法律的影響下，房貸信託的投機氣氛濃厚，不同於我們一般習慣的價格評估理論。一般而言，分析師會預估未來獲利情況，建議投資人購買股票的價格，但是在房貸信託中，投資人今天願意付出的價格，本身就是未來獲利的結果。」[9]換而言之，今天的價格與未來的獲利不但是連動的，而且還會產生相輔相成的連鎖效應。這個效應是漲跌雙面的，也就是說，房貸信託必然是連動大起，以及連動大落的。

在索羅斯的報告中，他分成四部分解釋這個必然發生的泡沫：首先是，高估房貸信託的股價。然後是，經理人說明為什麼被高估的股票價格為真，因而發行更多的股票。再者是，大批追逐利益的人紛紛模仿這個以股票換鈔

9 《可錯性的年代》第二十一至二十二頁。

票的步驟。最後是，整個步驟發展的結果，必然是以崩盤收場。

這份報告問世之際，許多經理人才剛剛經歷過集團公司泡沫化的慘痛經驗。因此，當他們看懂這份報告中所介紹的正向連鎖反應的時候，他們一方面理解反射性的可怕，一方面卻又急於找到新的投資機會。因此，他們又在假設「完美知識存在」的情況下，認定房貸信託，會以上漲的方向，延續獲利的空間。事實上，情況的確如此，因為在那個相對還是比較少人經營房貸信託的時候，大家對房貸信託的股票趨之若鶩，讓其股價在一個月中幾乎上漲了一倍。

需求產生供給，因此大量的房貸信託公司，紛紛如雨後春筍一般，頻繁地成立。無奈的是，當大家發現，其實房貸信託公司的增加可以是無限多時，這就導致其股價下滑。在這個情況中，索羅斯馬上看到「放空房貸信託股票」即將成為新的趨勢。但這還不是最關鍵的地方，因為最重要的是，這一切的發展，完全按照索羅斯的劇本上演，尤其是投資人與股票價格的連鎖反應。當然索羅斯的報告受到極大的肯定，他本人也大量投資房貸信託的股票，這個時候，他發揮賺錢見識的機會來了。

根據索羅斯的說法，他這份報告的影響力之大，讓房貸信託公司的發展，按照他的預估，房貸信託的股票確實大漲，而且維持了一段相當長的時間。然後，在發現市場開始向下修正的時候，索羅斯還很陶醉於自己成功的報告，手中依然持有大量的房貸信託股票。這個時候，他處變不驚，甚至反向操作，繼續加碼，並且在仔細觀察房貸投資市場一年之後，才決定出脫手上所有跟其有關的股票配置，大賺一筆。

在獲利了結之後，索羅斯與房貸信託業者停止來往。直到幾年後，房貸信託的泡沫逐漸浮現，在這個情勢中，索羅斯拿出他當年寫的報告重新閱讀。他發覺，反射性理論完全用的上！於是他決定大幅度賣空，甚至反向操作連鎖效應，以造成股市動盪為目的。索羅斯不但放空房貸信託的股票，連其他股票都一起放空，直到最後許多房貸公司因此倒閉。索羅斯放空獲利的績效竟然是一〇〇％。

一九七八年，索羅斯為了避免過度招搖，加上因為偏好「量子力學」中的測不準定律，故將其基金的名稱從「索羅斯基金」改為「量子基金」（Quantum Fund）。從此，這個績效奇佳，名滿財經世界的基金，成為聞名遐邇的搖錢樹，基金規模累計將近四億美元。在經歷過整個七〇年代，索羅斯將原有基金的資產，整整擴大一百倍。一九八一年六月，國際知名財經雜誌《機構投資者》（*Institutional Investor*），稱索羅斯為「全球最偉大的資金管理人」。但是，伴隨著這個令人得意的稱謂而來的，卻是他人生的挫折感，因為在追逐金錢的遊戲中，索羅斯並不快樂。

市場的操作，對於任何人而言，都是情緒與智慧的大折磨，索羅斯當然也不例外。身體上的背痛，一直不斷地提醒他體力的極限，而基金事業耗盡他所有心智的事實，讓他經常覺得自己的內心有另一個操作基金的拳擊手，不斷地在以市場為名的拳擊場上被要求獲勝。這種身心俱疲的情況，使得索羅斯想要休息的信念充斥在腦海中。當索羅斯正感疲憊之際，偏偏量子基金的合夥人，也是投資名人詹姆斯．羅傑斯（Jim Rogers）在此時開除了公司的年輕職員。此舉打亂了索羅斯打算訓練年輕人的計畫，於是他的怒火就爆發了。

羅傑斯開除年輕人的決策，破壞了索羅斯原先想要訓練年輕人接班的計畫，於是他在憤怒之下，決定於一九八一年與羅傑斯拆夥，自己單獨經營「量子基金」。但是這時基金的投資績效已經大幅下滑，從一九八〇年一〇〇%的獲利記錄，到次年的獲利紀錄下滑二三%的損失，成為「量子基金」有史以來的最差紀錄。身心俱疲的索羅斯，決定暫時退休。

在退休的三年之後，索羅斯於一九八四年復出。他復出後的精神狀態奇佳，可以說是整個人煥然一新。同時，他採取了一個新的投資策略，並於一九八五年開始，記錄他每次投資的思考與策略。一九八七年，索羅斯將這些記錄出版成書，取名《金融煉金術》。

・金融煉金術——以哲學吞噬巨富的即時實驗

《金融煉金術》這本書，是索羅斯畢生最重要的哲學成就。在此書出版之前，很少有人認為哲學對於人生有什麼具體的應用價值，最多也只不過是針對人生意義的追求上，能稍做一點安身立命的慰藉。但是這本書很不同，因為這是索羅斯在壯年危機之後，重新出發，再拾投資事業時，對於人生的反省，並透過文字說明，記錄下這段將哲學應用在投資上的過程。

一九八一年，飽受身心煎熬的索羅斯，暫別了他至為成功的投資事業。

休息三年之後，一九八四年，當他的口腔手術成功，醫生將其口腔內的結石取出的時候，讓他有了新的體悟。結石瞬間因為氧化而成為粉末的經驗，給了索羅斯很大的啟示，並產生如下的疑問：生理的疼痛解決了，但心靈上的折磨要靠什麼來解決呢？

這個時候，愛好哲學思考的索羅斯發現，如果能夠想出一套方法，讓他的哲學思想與他最拿手的投資策略結合在一起的話，他不是就可以因為結果，知道他所鍾愛的哲學，到底有沒有用處嗎？於是，充滿興奮之情的索羅斯，決定以反射性理論為基礎，寫一本書，詳細記錄他在投資歷程中的決策方式。

索羅斯自稱，他在這本書中運用的寫作方法是「即時實驗」（Real-Time Experiment）。這個方法的主要功能是：透過自我反思，將投資的決策過程一五一十的記錄下來，讓記錄的結果受到決策結果的影響之後，進行修正，然後再進一步分析修正的理由與因素。

因為與市場直接相關，所以這個寫作方法進行的非常激烈，常常寫入一個投資人在面對選擇時的緊張與壓力，以致於決策過程經常是反反覆覆，還要不斷地嘗試，說明這些反反覆覆的過程發生之理由。參酌這些鉅細靡遺的理由之後，索羅斯想要說明的重點是，在投資策略的動態發展裡，每次他所面對的新情況，都是前一個策略下所導致的結果。

另外，更重要的一部分是，這種即時實驗的結果，可以讓讀者身臨其境，不會被事後績效所產生的偏見，影響判斷；尤其是避免因為事後的成功或失敗，反過來評價其原先的決定。

成功的策略，來自於「策略」與「結果」撞擊的動態過程

對於索羅斯而言，有兩點是他撰寫《金融煉金術》這本書的主要目的：第一，他想要說明，反射性理論所帶來的認知，足以讓我們承認，「我們思考的市場」與「我們必須面對的市場」，這兩者是牢牢地結合在一起的。其次，他要強調，即時實驗是煉金術的實驗，而不是科學實驗。因為科學實驗講求「用結果驗證理論」，也就是說，做實驗的人對於會產生什麼結果只能採取靜觀其變的態度，然後再依照結果檢驗理論的對錯。煉金術則剛好相反；煉金術強調，「預期的結果就是實驗的一部分」，就如同以前的江湖術士透過實驗手法煉出金子來。當然，乍聽之下，我們一般受科學影響的人，都會覺得這個想法很荒唐。

但索羅斯不以為忤。他認為，煉金術就是金融投資中每一個人的夢想，所以在沒有事後偏見的情況下，他要做的事情只有一件，就是讓大家知道，金融煉金術是可能實現的夢想。如果我們單單從事後的績效來看，結果證實量子基金的投資策略極為成功。這個成功很特別，因為在滿足投資人的夢想之外，讓這個投資策略成功的基礎，居然是一個不能用科學標準證實的理論。

換而言之，在這個投資決策制定的過程中，科學知識並不居於主導地位，而真正主導投資策略的，反而是反射性理論中，那個讓「策略」與「結果」一直不斷相互發生影響的動態過程。

這個過程沒有辦法歸屬於科學知識的主要理由就是，當科學實驗以靜態的方式去檢驗結果時，索羅斯的即時實驗卻認定，只有透過「見識」做出當下判斷，而沒有一成不變的決策程式。反射性理論以及這個理論所擁有的動態檢驗方式，是讓獲利成為可能的關鍵，也是訓練、逼迫，甚至翻轉自己的思考訓練。這個訓練的績效是——在十五個月的時間內，讓索羅斯得到了一一四%的獲利；索羅斯開玩笑地說，這個績效或許是有史以來寫一本書的最高版稅。

《金融煉金術》是索羅斯在思想上與獲利上的黃金結合。本書在一九八七年五月出版的時候，立即吸引許多年輕的私募基金投資人的熱愛。其中最有名的，是後來為本書再版時做序的保羅・鍾斯。鍾斯對於本書很欣賞，還要求他那間知名的投資公司，都鐸投資（Tudor Investment）的所有員工都必須閱讀這本書。除此之外，鍾斯還在本書再版的序言中引用二次大戰時，美國巴頓將軍（George S. Patton）為了打敗德國名將隆美爾（Erwin Rommel），所努力閱讀隆美爾的戰術書籍之後說的名言——索羅斯你小心，我讀了你的書！

這個時候，索羅斯已經因為投資上的成功而成為財經界的名人，活像個傳奇人物一般。那麼他這本書的神奇之處又在哪裡呢？

我想指出，《金融煉金術》在紀錄索羅斯透過自我反思以形成投資策略的過程中，有三個部分是成功的關鍵。首先就是，反射性理論的運用；其次是，精準地以貨幣作為投資的標的；最後是，對於非經濟因素（例如政治）決定經濟走勢的掌握。這三個部分環環相扣，形成一個整體，其中反射性理論提供了看法，貨幣是證實這個看法的實驗對象，而對於政治形勢的掌握，構成這個即時實驗收割成果的主要訊號。

在《金融煉金術》的寫作過程中，索羅斯不斷運用「新典範」的概念，形容反射性理論在投資上所發揮的功效。為什麼是新的典範呢？原因是，舊的典範需要被取代，而取代的理由是，在舊典範中，投資行為假設了理論的完美性。新典範就是反射性理論，而這個理論最特別的地方在於，它強調理論的不完美性。相對於舊典範肯定供需平衡的完美架構，反射性理論不斷地著眼於市場中的不確定性，而且認為，財經市場中大多數人在大多數的時間裡都在犯錯。有趣的是，這些錯誤來自於舊典範，也就是那個認為財經理論是完美的架構。

完美的財經理論支持者相信，自由市場有一隻不可見的手，這隻手在暗處會讓市場以最高效率，依照供需均衡的狀態發展，以致於我們經常認為，市場因為具有「自我調節」功能的緣故，所以永遠是正確的。索羅斯認為這是錯誤發生的起源，因為這個理論忽略一個事實，就是在財經市場中，決策與結果不僅是連動的，而且決策與結果連動出現的改變，具有一種自我肯定的效果。這個效果讓錯誤程度加大的同時，還讓製造錯誤的人，誤以為理論具有自我糾正的功能。這種錯覺是視理論為完美的理由，但這也是沒辦法的事，因為若不靠理論去理解市場的話，我們還能依靠什麼呢？

索羅斯認為，我們應該拋棄舊典範，改採一種以「負面思維」為主的理論，也就是他的反射性理論。當舊典範相信理論能夠提供完美、靜態與均衡的市場秩序時，新典範的反射性理論堅持市場本身是謬誤、動態與朝向泡沫發展的。所以，當一般理論強調市場可以被建構的時候，反射性理論則自動升了一級，認為市場就是完美理論所建構的結果。然而，因為多數人誤解了市場的本質，所以在這個建構過程中必然出現錯誤。市場的本質就是貪婪的縮影，而想要獲利的欲望，就是蒙蔽我們，使我們看不到市場真正運作型態的罪魁禍首。

結果是，市場參與者從「誤以為完美理論的角度」，看待市場。而且為了避免面對現實，他們總是提出自我安慰式的解釋。而這些解釋又再度使得這些相信市場是完美的人，陷入更深的危機。

舉例來說，這像極了一個穿著黑衣的人，在黑夜中，千方百計的想要抓住一隻黑貓的感覺。問題是，黑衣人卻無從知道，他即將抓住的到底是什麼。他只能全憑想像，甚至以為，「任何毛茸茸的東西就是貓」。

反射性理論的功能就是告訴大家：死了這條心吧！即使抓到了這隻貓，你也無從判斷那的確是一隻貓，而唯一你能夠做的事情就是，做好準備，一旦打開燈光的時候，眼前這一切的黑暗都會消失。

索羅斯的反射性理論就在等著開燈的這一刻，因為他知道，根本就沒有黑貓。但別人可不這麼想。正好相反，有人興高采烈的宣佈抓到黑貓了；在這裡抓到了；在那裡抓到了；到處都抓到黑貓了！

於是，大家都好興奮，七嘴八舌地解釋抓貓的技巧，分享抓貓的經驗，宣告抓到了好多隻黑貓……還有人建議，應該為這些成就開個派對慶祝，接著開始有人購買養貓的籠子，養貓的飼料，甚至還準備了給貓度過冬天的保暖衣服。

索羅斯認為，鼓動這些無中生有的情緒，就是一種金融煉金術。而當打開燈光的那一剎那，就是真相大白，一切歸零的時機。這是反射出來的結果，也就是泡沫發生的時機。

越是有效的調控，越容易引發泡沫危機

索羅斯的投資見識就是——儘量去評估泡沫發生的時機。這個評估是最難的地方，卻也是獲利最高的技巧。關鍵是，獲利點的發生必然來自兩種相反力量：一方面相信舊典範的人，依然看好市場具有自我調節的功能，而另一方面應用反射性理論的人就會注意，市場動態發展中那些執迷不悟者所做的決策。這些決策依然會讓市場維持一段時間的多頭走勢，因為市場的投機心理會締造出一種滾雪球的效應。

雪球在下坡滾動的時候，因為吸收雪花，動力大，越滾越快，最後來到了沒有雪的平地上，滾動中的雪球還能夠滾上好一陣子。滾雪球的比喻很清楚的說明，為什麼索羅斯認為，形容財經市場最好的方式就是歷史過程。答案很明顯，就是無論雪球滾到哪裡，哪裡的環境就會塑造出雪球的全新

面貌。譬如說，如果坡度很陡峭，雪花又奇多無比時，那麼雪球就會滾得又急又大。反之，如果坡度平緩，覆雪又不多時，那麼雪球滾動的速度就會放慢，球不會變小，但也大不了多少。

因此，所謂的「歷史過程」，講的就是每一種情況都會決定雪球的速度與大小。由於這個過程中的每一部分都會決定雪球的狀態，因此索羅斯才會在《金融煉金術》中，採用了「即時實驗」這種方法，紀錄財經市場中瞬息萬變的歷史過程。雪球不可能永遠滑動，因為它終有在平地停下來的時候。同樣的，市場不可能一直都蓬勃發展，因為它總有供給高過於需求的時候。只是市場在什麼時候會進入衰退，這才是最關鍵的時機。其實，光是知道市場會衰退還不稀奇，因為這其實只是常識，重點是預測衰退時機。要做出這個預測，就需要先理解反射性理論了。

懂得滾雪球道理的人都知道，在高速滾動中的雪球落在平地的時候，還會繼續滾動好一陣子，甚至還會因為重力加速度的緣故，變得更快。關鍵是，在衰敗跡象顯現的時機中，相信舊典範的人與相信反射性理論的人會針對相同的現象，做出截然不同的判斷。

相信舊典範的人會以為，雪球的速度是可以控制的，因此當他看到雪球速度放緩時，就會想到以人工的方式製造下坡、增加速度。反之亦然，若是速度過快時，他會調整坡度，讓雪球的速度變慢。無論如何，這些控制速度的人都會認為，雪球的速度可以維持在一定範圍之內。

這個「人」，就是財經市場中，代表政府控制該國貨幣發行的中央銀行。增加速度，就是提供刺激經濟的方案；減緩速度，就是放緩過熱的經濟發展。所有國家都有中央銀行，它們都有相同的目的，就是在「刺激」和「放緩」之間做選擇。然而事實上，很重要的一點是，它們其實都只有一個選擇，就是相信中央銀行對經濟發展具有宏觀調控的功能。

中央銀行有能力將經濟情勢，調節在可以維持繁榮景氣的範圍之內，控制任何超出這個範圍的動力。這個理解，出現一種意想不到的結果，就是短期的調控必然有效，而長期來看一定會走向泡沫。「調控」與「泡沫」這兩個相對的觀念，反而成為一體之兩面。結果是，越是有效的調控，越容易引發泡沫危機，而為了避免泡沫的發生，就會出現更多的調控。

這個渦旋效應，解釋了為什麼財經市場會不停地發生出人意料之外的泡沫式崩盤。如果不是從歷史過程的角度來看待市場的轉變，我們就無從察覺中央銀行所扮演的角色，也就不能夠知道市場崩盤的原因，正是來自於大家堅信不疑的財經政策。有趣的是，這些政策受大家歡迎的原因，剛好就是市場垮臺時受大家痛恨的理由。在這個歡迎與痛恨的矛盾之中，沒有人知道，自己受操控的心理狀態，正是自己日後怨恨不已的狀態；為什麼會沒有人知道呢？

因為這兩種狀態之間的反差不是反省出來的，而是反射出來的。反省是思考後的認知，但在反射過程中人們並不會經過思考，只有燈一開，真相大白的那一剎那。當真相反射出來的時候，大家才會突然發覺，所有之前說的話，都是粉飾太平的謊言。這些謊言曾經像宗教語言一樣具有說服力，但當謊言被戳穿的時候，大家都像被蒙蔽的信徒一樣，突然發現真相不同於信念時，感到無比絕望。

索羅斯認為，這些相信市場是完美的，並且具有自我調節能力的人，可稱作市場基本教義派，而他們一度信奉的真理，都是意識形態不說，市場教條還以科學知識作為包裝，卻與真實無關。然而，在當代主流經濟學的發展下，以及在教育體系的薰陶下，這個包裝以一種「偽科學」的姿態在市場中發揮極大的操控能力。為什麼一個假借科學之名，行操控之實的理論，會變成為像宗教教條一樣呢？

答案除了人的貪婪之心以外，還有自從啟蒙時代以來的科學理性。科學理性的成就集中在自然科學，可是人的欲求無限，希望也可以將科學理論的解釋力沿用到社會科學理論之上。於是，科學理性被「科學理論」取代，並且認為社會可以成為科學的研究對象，同時這種啟蒙思維也認為，發明理論與設計模型可以建構知識。這個觀念發展至經濟領域時，市場中出現了極高的共識，認為經濟市場的運作像自然事物一樣有規律。

索羅斯提出反射性理論的主要目的，除了否定市場有可供預測的規律之外，也否定市場可以經由操控產生預期的效果；規範市場與操控市場兩者均為枉然。但問題是，如何承認反射性理論比主流經濟理論還好用，更能夠刻畫市場的本質，以及在實際上產生效用呢？

反射性理論要如何爭取大眾的青睞呢？或是說，我們要如何讓反射性理論，這個反省科學哲學的理論，在沒有辦法以普遍性概念說明反射性是什麼的情況下，取代舊的典範，也就是取代主流經濟學呢？這些問題導致索羅斯發覺，他必須提筆寫下這本《金融煉金術》，做出即時的實驗，證明反射性理論的價值。若是他真的能證實反射性理論在財經市場上的優勢時，他也就更能夠弘揚他的哲學。

換言之，索羅斯充分利用大家都想逐利的心理，透過財經市場本身會留下所有記錄的事實，詳實地記載市場的風險與危機，然後解釋那些無法操控與預測的因素，其實都是反射性理論的基本理念，卻是傳統經濟理論隻字不提的部分。

索羅斯認為，把反射性理論運用在財經市場是否能成功的關鍵，在於回答下列問題：「那個在財經市場中無所不在的反射性連動，會在哪個時間點開始，加劇影響原先應當由基本面反映出來的價格呢？」這個問題主要問的是，一旦被扭曲的市場反射出加大的趨勢，以及膨脹的價格時，我們要如何察覺，投資的本意在什麼時候，會轉為投機的氣氛呢？察覺這個時間點，有助於我們做出放空商品價格的決策，但是要如何獲利呢？

自由市場與完美貨幣理論的破綻

重新回到市場的索羅斯，帶著應用反射性理論的決心，以及想要落實自己的哲學是有用的信念，企圖回答這個問題。在策略的選擇上，索羅斯不再研究個股，而改以整體股市的大趨勢為研究的對象。在這種宏觀的視野中，他注意到，美國的貨幣政策從一九七〇年代中期開始推動脫離黃金本位制度時，似乎是反射性理論應用的最佳場域。最主要的原因是，當美元與黃金脫鉤的那一刻起，等於是將浮動的制度應用在美元價值上，而這時候的美元價值完全奠基在交易員的感覺上。機會來了，因為「感覺」很容易受到各種因素而改變。

對索羅斯而言，這是一個常識，也就是沒有黃金做支撐的美元必然會有所浮動，並且有可能呈現非常戲劇化的發展。但真正更具戲劇化的地方是，在黃金與美元脫鉤時，卻有一個「完美的貨幣理論」可以解釋，為什麼美元的漲跌必然會落在一定幅度之間。

在一九七〇年代，絕大多數的經濟學家都相信，市場中的某一貨幣，例如美元，它的價值會自動而且以最有效率的方式，維持在一定的範圍之內。如果美元被高估，美國的出口將會受到傷害，進口必然大增，如此就會推升美國的貿易赤字，同時也表示外國對於美元的需求下滑。但是，為了進口，美國人依然必須兌換外幣以購買進口產品，最終導致美元持續貶值，讓市場發揮自我調節的功能。結果是，美國出口貨品的價格，伴隨貶值的美元下滑，使得出口大增，直到美元止穩上揚為止。然後，新的貨幣與貿易關係又開始了。

完美貨幣理論是典型的自由市場理論，因為它認為，在市場有效率地自我調節中，投機客沒有影響市場的可能。道理很簡單，就是因為如果當投機客預見貨幣的漲跌趨勢，然後企圖將此趨勢轉為多空策略加以投資的話，那麼他們也會受到外面市場機制的自動調整。如果說，投機客看空美元，無論他籌措了多少資金，他都不可能跟市場機制對作，因為市場的力量過大，限制投機獲利的上限。

舉例來說，如果某人看空美元，認為美元一定會貶值，那麼即使他成功地湊足大量資金在市場中大量拋售美元，結果固然看對了方向，但下滑的美元因為在幣值便宜的情況下，立即被市場預判為上漲的先行貨幣指標，美元又會自動漲回來。因此，無論看多還是看空，無論看對還是看錯，投機客並不會影響市場自動達到均衡的架構。

有趣的是，在完美貨幣理論下，成功的投機客只能加速地讓市場達到均衡，而失敗的投機客只能延緩市場達到均衡的速度而已。這是典型自由經濟下的預設立場，吸引了許多人，並且發展成為經濟理論的主流思想。但是，索羅斯依照反射性理論的原則，馬上就在現實層面上看出問題。他說，事實上從一九七三年浮動匯率引入市場以來，這個完美貨幣理論就不斷地被否定。原來認為進出口的貿易數字會決定匯率，結果正好相反，是「匯率」決定了貿易數字。在德國尚未統一前的西德就是一個例子。

在一九七〇年代的西德，因為出口旺盛，所以幣值攀升（當時西德的貨幣為馬克，German Mark），但通貨膨漲率反而降低，就業人口的薪資維持穩定，而且進口貨物的價值因為馬克升值而下滑，但是強勢馬克並沒有導致西德的出口陷入困難。西德的經濟反而進入一個良性循環，其中匯率、人民的收入與生活水準似乎不斷地相互加強與持續。對於索羅斯而言，發現這個現象，等於是肯定自己的反射性理論，尤其在反對完美經濟理論上。

西德的現象說明，貨幣供需理論認為幣值是單一的直線性發展，並且受「供需」與「貿易數字」主控的觀念是錯誤的。真實的情況是複雜的與循環的。複雜的原因在於，我們只有事後結果可供參考，但在事前卻無法分辨出，哪些因素是因，哪些因素是果。最重要的是，某些因素，例如進出口數字、貨幣漲跌率、通貨膨脹率等，它們彼此之間不但是相互影響的，而且就像滾雪球一樣有加大效果的效應；當然這個效應也是加大或者變小兩方面的。

西德的案例之所以重要，在於它在多方面符合了反射性理論的應用，其中最關鍵之處就是——所謂的完美貨幣理論非但不完美，還因為投機心理的緣故，也會讓操作人為了回復完美貨幣理論的均衡狀態，增加許多非經濟的處置。這些處置的目的，就是讓結果回到想像中的均衡，而這在政府的貨幣策略中至為明顯。從一九八一年到一九八五年，當雷根（Ronald Reagan）就任美國第四十任總統期間，美元的匯率是最為明顯的案例。

當時，美國因為進口量太高，造成極大的貿易赤字。從完美貨幣理論的角度來講，貿易赤字增加就表示美國人用美元向國外買了太多的東西；這導致所有對美國出口的國家都滿手美元。當大家都不缺美元的時候，美元的需求必然下降，所以匯價也應當下跌。

有趣的是，在這段期間中的美元不跌反升，而且升的很多。這個出人意料的現象，原因就是，投機的資金正在大舉購買美元，認為美元後勢看漲。投機的理由當然很多，但絕不是完美貨幣理論那種線性思維可以解釋的。索羅斯指稱，雷根時期所主導的經濟理論出現了另外一種不同於傳統理論的循環，取名為「帝國循環」（Imperial Circle）。帝國循環指的是美國結合其強大的軍事、政治與外交力量所組成的財經政策。對於索羅斯而言，一九八一年雷根總統上臺，讓他深刻地感覺到，反射性理論不但可以應用，還可以拿來解釋財經市場中所包含的一切因素，尤其是非經濟因素。

完美貨幣理論VS.反射性理論：放空美元，做多馬克、日圓與英鎊之役

一九八一年以反共與保守著稱的雷根，就任美國第四十任總統。他的保守策略，讓他採取以減稅為手段的自由主義經濟，而他的反共立場，卻讓他堅持美國應該在全世界維持強大的軍事力量。明眼人一看就知道，這兩件事情根本是衝突的。一個是，政府不收錢，鼓勵自由經濟；另一個是，政府花大錢，維持強勢的軍事力量。結果當然是，政府的財政預算難以維持，更糟糕的是，財政政策與貨幣政策的經濟學家們也抱持兩個觀點相反的理論，他們卻同時在雷根任內服務。

雷根時期的財政政策官員講求完美供需理論，認為只要「減稅」就可以刺激經濟，讓人民增加消費並且更願意提高生產力，如此可以使經濟轉強，既無通貨膨脹，更因為經濟變好，反而可以收到更多的稅。但貨幣理論派官員卻認為，經濟運作的首要目標是用「高利息」維持低通貨膨脹率，因此貨幣的供給與需求，可以透過利率進行控制。美國聯準會（Fed）的新貨幣理論在一九七九年十月提出，到了雷根正式就任總統不久，利息已經在一九八一年六月高達二〇%，結果就是，美國預算赤字因此大幅攀升。

這兩個衝突的政治理論（也就是保守與反共），以及這兩個不同的經濟理論（也就是財政與貨幣）在相互撞擊之下，讓美國的預算赤字不斷擴大。然後，為了限制貨幣供給量，聯準會只好持續提高利息，但經濟的蕭條導致全世界以美元發行債券的國家都為了償還高價美元的利息而危機四伏。

有鑑於此，雷根總統的第一個任期，決定開閘放水，大量寬鬆（印鈔票），讓預算赤字無限擴大。錢多了，經濟的動能增加了，失業率下滑了，國家一片欣欣向榮的景象，讓全世界都對持有美元資產充滿興趣。再加上雷根總統的保守態度，更令世人對美國的強大與安定，充滿信心。

於是，大量外資湧入美國，讓美元在經濟好、貨幣強、預算鬆與進口多的情況下，反而大漲。索羅斯稱這個循環為「帝國循環」，因為這個政策就像古羅馬帝國一樣，把邊陲地區的資源與物資吸收到核心，目的就是為了培養一支宣稱要維持世界和平的龐大軍隊。這當然是一個很不符合時代的描述，但是這個比喻卻非常真實地說出，美國經濟在世界局勢中所扮演的霸主角色。當時，極少有人能夠看清楚，雷根在保守政治下所發展的自由經濟到底是在做什麼？

但是，雷根總統本人似乎非常自信。表面上，雷根不斷地強調，預算赤字不能無限擴大，但實際上，他卻沒有真正做出削減預算赤字的行為。這個寬鬆的局面，消除了大家對於經濟緊縮的顧慮，消費情況因此改善，經濟局勢逐漸變強，美元資產上漲的幅度超過大家的預期。許多投機客因此認為，美元會持續上漲。這個認知，導致國外熱錢不斷湧入，大量購買美國資產。結果是，美國的貿易赤字與預算赤字雙雙擴大，反而推動了美元上升。但實際的情況卻是——各種「投機美元上漲的心理」，形成美元匯率在一開始就不合常理地上升。

這樣一來，美元上漲的趨勢就像滾雪球一般又急又快，所有投資美元的的人都笑得合不攏嘴。但大家也都知道，這一切的繁榮景象都只是表面，都是投機心理所累積的結果。唯一大家沒有想到的就是，美元不合理的強勢上漲，竟然維持了好長一段時間。

雷根的政治手段不斷創造美國經濟繁榮的表象，也導致更多的投機部位，投資人紛紛持續加碼，購買美元，這讓美元的價位居高不下。最要命的是，這個不斷購買美元的動作正好坐實了美元上漲的投機心態，在預期上漲的心態與源源不絕的資金流入美國的情況下，它們之間形成了渦旋效應，遠離了完美貨幣理論所預期的「均衡」；這完全符合反射性理論的預估。

當這個脫離均衡狀態的情勢，嚴重到美國的貿易赤字不能再粉飾太平，讓投機客在很短的時間內發現，其實美元早就被高估了。因此，索羅斯非常確定地指出，一旦所有的投機客都體認，美元崩盤的可能性為期不遠時，他們必然會大量殺出，賣空美元。

問題是，要如何判斷這個美元下滑的時間點呢？這不是一個簡單的問題，因為預期外匯市場會出現下跌趨勢其實並不難；難的是，什麼時候會開始暴跌？什麼時候是購買大量部位，放空美元的時機呢？這些問題反反覆覆，不斷地出現。

沒有受過專業訓練的索羅斯，並不像其他理財專員擁有判斷情勢的模型、理論與方程式，所以相較於其他人，他陷入訊息並不對等的局面。在當時，他唯一可以與這些理財專員競爭的，只有他平時所堅持的反射性理論。這個理論告訴他——要做出與眾人相反的決定！

索羅斯從一九八五年八月十八日開始撰寫他的煉金術日記時，他就認為，美元下跌的日子不遠了，主要的原因是政治的干預。那個時候雷根總統競選連任成功，新的執政團隊在成立之初，馬上就注意到，雷根上一個任期所留下的貿易赤字是個麻煩的大問題。於是，他們想盡一切辦法，降低貿易赤字，促使美元貶值。

這似乎也是一個市場共識，因為所有與美元幣值相關的財經市場，都表現出相同的方向。例如，利率下滑，投機客不願再擁抱美元。當政治意願加上利率下跌，形成一個美元下滑的明確信號時，那麼美元就有可能迅速貶值，但是在評估美元什麼時候下滑的索羅斯，卻面對判斷錯誤的風險：說不定美國經濟會好起來，說不定利率馬上又會上升，而這會導致美元不但不貶值，反而升值的結果……怎麼辦？雖然這些問題不斷出現，但索羅斯依然做出放空美元的決定。在進行經濟配合政治的分析下，索羅斯很有見識地大舉放空美元。

一九八五年八月十六日，索羅斯以槓桿大舉買進德國馬克、日圓與英鎊，總部位高達七億兩千萬美元，超過量子基金可運用的資金（多出七千三百萬美元）。他認為，在這個非常時期，原有避險基金的原則，並不適用。避險基金的常規是，「不要在單一市場中，針對一個趨勢，投入所有的資金」。但索羅斯依照他的思路，修改了什麼是單一市場的定義，提高了放空的部位。從一個避險基金管理人的角度而言，這等於完全否定避險的用意。

果不其然，到了九月九日，索羅斯在日記中記載，「我的投資經驗一開始並不順利，因為美國經濟似乎轉強了，而且量子基金賠了兩千萬美元」。

這是任何投資人都會遇到的難題：出師不利，立即賠錢。然而，索羅斯發揮自己的見識，認為在資金看俏、銀行系統偏弱的情況下，加上他對政治的判斷，堅信德國馬克看漲已是眼前的事。除此之外，他還認為，美國的利率會維持在低檔，因為即使經濟轉強，但聯準會仍然會關注市場對資金的需求，所以不會調高利息。還有，那些依循舊典範規則的人，相信透過利息的調節可以維持市場的均衡，同時聯準會已經獲得雷根政府的提示，在要求打消貿易赤字的目標下，現階段更不會利用調高利息，去增加通貨膨脹率。

基於如上見識，索羅斯奮力一搏，加碼放空美元，並且做好如果看錯，就放棄億萬資金的準備。索羅斯會如此冒險，自然也與他的膽識相關，不過敢冒險不一定就是投資人能夠賺錢的原因，真正賺錢的道理就是——投機的基礎在於見識的發揚。這個見識就是：看到別人所沒有看到的機會，然後依照見識，調高部位，大賺一筆。

在這個過程中，索羅斯清晰地記載他的見識，強調他認為重要的地方，清楚地說出來，然後極其小心地注意每一個有可能出現變化的地方。如果他因為初戰失利的小挫折而改變他的看法的話，那麼他的一生將會非常的不同。這種見識在一九八五年九月二十二日，讓他成為全世界最有眼光的投資人。

兩週後，當索羅斯記下投資日記的第二筆交易決策記錄時，美國的財政部長詹姆斯．貝克(James Baker)在九月二十二日這一天，把西德、日本、英國以及法國的財政部長，約在紐約的廣場酒店，一起商討如何因應全球貿易的不均衡問題。

索羅斯指稱，這場出人意料的協商會議無疑為一「歷史事件」。他說：「我們活在令人振奮的時代裡。上週日，這五國財政部長與中央銀行總裁在廣場酒店所召開的經濟會議，是一個歷史事件，它標示了從貨幣由自由浮動到轉為操控浮動的正式改變。所有閱讀我寫反射性理論要如何在貨幣市場應用的人都會承認，我一直認為，這個改變，早就該發生了。」10

是什麼見識讓索羅斯說出這麼有把握的話呢？他的行動證明他的心情，他進一步指出：「我先前咬緊牙關，將貨幣部位提升到最高點，並在上週日五國廣場協議之後，我進行了我最大的押注。週日晚上，也就是香港的週一早上，我大量買進日圓，並且撐在市場的多頭中。上週我獲利的記錄，遠超過我過去四年在貨幣市場上累積的損失；最重要的是，我現在已經遙遙領先其他人了。」11

的確，五國央行協定，聯合出手「干預」貨幣匯價，讓美元貶值的消息一公佈，日圓立即破歷史記錄地提升了七％，讓索羅斯獲利三千萬美元。

說到這裡，我們只能說索羅斯很幸運，因為除了看出雷根總統決心讓美元貶值，降低美國貿易赤字之外，他基本上對於雷根政府會有什麼「具體作法」一無所知，壓根兒也沒猜著之後會有什麼五國央行廣場協議。這個時候，賺錢的見識卻在反射性理論的照耀下，讓索羅斯牢牢記住，市場中的多元因素會牽動財經局勢的走向。這個走向會從正反兩面發展，並且以滾雪球的方式，大幅擴增，幅度之大，往往超乎想像。

這個觀念應用在長期看漲，現在卻步入貶值的美元上，正是時候。於是，當量子基金的交易員在針對初步下滑的美元，進行獲利了結的動作時，索羅斯憤怒的對那些缺乏見識的交易員咆哮，叫他們停止拋售日圓，並且還提高購買日圓的部位。

廣場協議的五天後，索羅斯已經狂掃超過兩億美元的日圓與馬克，並且在放空美元的部位上，超過一億美元。在這麼高的投資額度上，索羅斯所憑

10 《金融煉金術》第一百三十六頁。

11 同上所引。

藉的信心就是他認為廣場協議是認真的，是會落實的，也是各國政府合作的目標。坦白說，這些見識對一般人而言，並不足以真正維持信心，但索羅斯當時的信念之強，創造了投資史上的傳奇故事。

一九八五年十二月，索羅斯結束他即時實驗的第一階段。回頭看看這段時間，在四個多月中，他能夠賺大錢的見識，最初來自發覺美元過強，因而必定會貶值，但反射性理論是讓他堅持看法的關鍵。在反射性理論的解析中，索羅斯一直不斷地提到，整個銀行系統都會因美元變動過大而崩潰。

但這件事情並沒有發生，銀行系統並沒有崩潰。可是索羅斯卻認為，這個錯誤是肥沃的。為什麼呢？因為在投資過程中，理論只能預測趨勢，卻不足以決定事件的發生。重點是趨勢必然發生，也就是過高的美元會貶值，並且因為原先美元過高的支撐理由都來自於投機的心理，以致於一旦美元下滑的趨勢發生，同樣的投機心理會引發另外一波超出常理的大貶值。

廣場協議就是索羅斯認定美元下滑的信號，而在這個協定之後的投資發展，讓索羅斯的量子基金擴大了三五%的規模，他大賺了兩億三千萬美元。在《金融煉金術》這本書出版後，確立了索羅斯在金融界的傳奇地位，也成就他是投資界哲學大師的名號。

・黑色星期三——擊敗英格蘭銀行的人

一九九二年九月十六日星期三，當時英國的財政大臣諾曼・拉蒙（Norman Lamont），在「捍衛英鎊」的原則下，做出三天內共五次調整利率的決策。

對於英鎊這樣的國際貨幣而言，不斷地透過提高利率的方式，維持貨幣價值的做法，是極不尋常的。當然，拉蒙的做法也是在一個不尋常的理由之下所做的決定。這個理由就是英鎊想要留在「歐洲貨幣」之中，維持以協議的方式去決定英鎊的價值。

英國政府在多次宣示英鎊要留在「機制內」的決心後，卻發現市場上有異常拋售英鎊的動作。當時，對這些異常動作掉以輕心的英國政府，還一直想以傳統維持貨幣價值的方式，也就是不斷地提高利率去因應。最終，英國在第五次升息之後，發覺傳統的做法並不能夠穩定英鎊繼續貶值的壓力，所以在九月十六日當天，英國央行（英格蘭銀行）宣布放任英鎊貶值，脫離「歐洲匯率機制」（European Exchange Rate Mechanism; ERM）。

這個脫離的動作，導致英國政府三十三億英鎊的損失，也構成了財經史上一次很奇特的經驗，史稱「黑色星期三」。從這一天開始，各國的中央銀行都發覺，民間籌資的力量居然可以大到讓一國的貨幣貶值，尤其是那些脫離市場機制，刻意以人為方式維持貨幣價值的情況。

事後傳聞，索羅斯曾經在這一次狙擊英鎊的過程中，獲利十億美元。在這個事件過後的一段時間，拉蒙曾經公開表示，英鎊退出歐洲貨幣機制的主要原因是，英國捍衛英鎊的決心是要以一百五十億美元作為代價，但後來在眼看無效的情況下，所以做出不得已脫離歐洲貨幣機制的痛苦決定。索羅斯在聽到這個消息之後，一派輕鬆地表示：「我們在狙擊英鎊的準備中，剛好也就是準備一百五十億美元。」

此話一出，舉世譁然。大家都非常訝異於索羅斯如此精準的計算。在此之前，極少聽說有投機者會與國家貨幣對作，更不要說是像英國這種傳統金融大國了。索羅斯不但勇於從事這種風險極高的投資，也非常準確地預估了投資過程中的風險。這件事情不但使得索羅斯聲名大噪，而且讓市場中所有投機客，都將「索羅斯」這個名字與市場中的「金融巨鱷」之間畫上等號。

事後，索羅斯在其訪問式的自傳中，公開他擊敗英格蘭銀行的判斷過程。他認為，放空英鎊獲利十億的案例是標準應用「反射性理論」的結果，因為這個理論告訴他，市場的設計無論宣稱在理論上多麼完美，但致命的缺失往往會在渾然不自覺的情況下出現，而且謬誤會持續出現，導致市場一次又一次經歷崩盤的事實。

歐洲共同貨幣是一切錯誤的開始：放空里拉、英鎊之役

英鎊原先是「歐洲匯率機制」中的一種貨幣。在過去相當長的一段時間裡，這個機制運作良好，達到幾乎均衡的狀態，讓所有機制內的貨幣都能夠自由浮動，而且浮動的幅度，總是可以維持在一定的範圍之內。這個接近理想的局面，讓索羅斯這種投機客找不到獲利的機會，只能眼巴巴的等待機會。

這個機會終於來了，就是九〇年代蘇聯解體，以及隨後發生的東、西

德統一。這兩件事情是有因果關係的，但更重要的是，這個因果關係的連動效應是持續的，而且從政治的層面，轉換到經濟的層面上。從政治層面上來講，這個效應一直擴大到全歐洲的未來，而從經濟層面上來講，這個效應讓當時的西德政府面對兩難，不知道應該拯救歐洲貨幣機制，還是應該支持東、西德的貨幣統一。

原先歐洲匯率機制能夠運作良好的理由是：這是一個純粹經濟上的匯率機制，結構單純。現在伴隨著德國統一，這個純經濟因素所主導下的歐洲貨幣機制，受到了政治的影響，而且是空前的政治變局。守法的德國人在面對憲法要求統一的架構下，西德人必須照顧東德人的經濟生活，而這使得原先一直扮演穩定歐洲貨幣角色的德國聯邦銀行，處於兩種矛盾的角色之中。

德國聯邦銀行一方面是歐洲匯率機制的定錨銀行，又是德國憲法中規定維持西德馬克穩定的中央銀行。在沒有發生德國統一的事件之前，德國聯邦銀行在雙方面都扮演稱職的角色，但在東、西德統一後的第一件事情，也就是如何維持東、西德兩種馬克之間「不正常交換」下的經濟局面。這個奇異的交換，說明東、西德兩國經濟發展局勢完全不同，也嚴重地破壞了西德原先在歐洲成功維持匯率均衡的成果。

德國在聯邦憲法的要求下，讓西德以極為慷慨的方式吸收了東德經濟現況，其中最重要的步驟就是，兩德以成年人六千馬克、老年人四千馬克、兒童二千馬克為上限，以一比一的比例，交換兩德的馬克。這個價位讓不值錢的東德馬克，取得歐洲定錨貨幣西德馬克的地位。任何人都知道，從經濟的角度來講，西德虧大了，但這是政治上的決定，而且是聯邦憲法的決定，大家必須遵守。

這個交換貨幣的決定，等於是把西德四十五年來的努力成果中，極大的一部分，以免費的方式轉送到東德去。所有的人都不意外地發現，這個決定讓德國面臨極為巨大的通貨膨脹壓力。為了避免通膨的發生，聯邦銀行只好提高利率，維持西德馬克的匯價。然而，很不巧的是，這個提高利率的時機剛好就是歐洲經濟，尤其是英國經濟陷入蕭條的時期。在英國經濟不振的情況中，德國銀行調高利率的做法，等於是雪上加霜，讓英鎊貶值的壓力越來越大。

問題很明顯，就是在政治變局中，原先穩定貨幣兌換的歐洲匯率機制，因為西德馬克陷入一種介於政治與經濟上的衝突，所以「機制」出現了微妙的變化。

經濟上的問題其實還比較簡單，就是在歐洲各國經濟下滑的時候不應該升息，反而應該降息以確保資金充裕。但是在政治上的情況卻剛好相反，因為兩德統一不但是寫在德國憲法中的大事，也是一件震驚全世界的歷史事件。在沒有選擇之下，或是說在政治、經濟背景的夾雜之下，德國的做法已經讓歐洲匯率機制從穩定朝向動盪的道路發展；動盪的情況更因為政治上的判斷而顯得更為複雜。

德國統一造成歐洲定錨貨幣，也就是西德馬克出現通貨膨脹壓力的事實，是眾所皆知的，不足為奇。有趣的是，政治的力量卻認為，人為的干預可以讓動盪的情況維持穩定。最明顯的政治人物，也就是當時的德國總理赫爾穆特・柯爾（Helmut Kohl）。

柯爾對外承諾，會將西德馬克放在整個歐洲的框架之下，但同時也要將東德馬克納入歐洲匯率機制之內。這個整合歐洲的理念立即受到法國密特朗總統（François Mitterrand）的支持，卻遭到英國首相，鐵娘子柴契爾夫人（Margaret Thatcher）的堅決反對。結果是一連串非常激烈的協商，而最後的結果就是馬斯垂克條約（Maastricht Treaty，即「歐洲聯盟條約」）的內容。在這個由歐洲十二個國家共同簽署的條約中，最重要一部分的內容就是要建構一個共同的歐洲貨幣。

索羅斯認為，這是一切錯誤的開始。因為不但英國並不樂見英鎊的消逝，連德國總理柯爾與德國聯邦銀行對於「如何補助德國龐大的赤字」這個問題，都有很大的爭議。對於德國聯邦銀行而言，建立一個歐洲共同貨幣無異於是對自己敲下喪鐘，因為聯邦銀行將聽令於歐洲的中央銀行。但是讓歐洲當時最大的銀行聽令於一個新成立的銀行，談何容易。同時，一個極為重要的機構，怎麼可能在一紙約定下，乖乖的終結所有的業務，接受一個新成立單位的指揮，做出自我減削的工作呢？

於是，德國聯邦銀行對於馬斯垂克條約作出不友善的解讀，認為這個條約中，要求成立的歐洲單一貨幣其主要的目的，在於毀滅德國聯邦銀行的地位。索羅斯回憶當年，他發現這是個非常時期，因為有三種情況交雜在一起。第一，德國需要一個相較於其他歐洲國家，非常不同的貨幣政策；第二，為了德國，聯邦銀行需要一個與柯爾總理所支持的政策「不一樣」的貨幣政策；第三，雖然沒有明講，但聯邦銀行堅持追求持續的存在。

這三點是有衝突的，但其中最嚴重的卻是第三點，因為德國聯邦銀行並不打算自我了結，而這也是最少人瞭解的。這個衝突的情況維持了一段時間。但到了一九九二年的時候，也就是當危機發生的時候，幾乎所有人都開始注意，歐洲貨幣匯率交換機制出現了問題，而索羅斯只是比較敏感而已。

在這個「外緊內鬆」的環境裡，德國聯邦銀行既不願意被一個新建立的中央銀行取代，又必須堅持自己負責兩德貨幣統一的神聖任務之下，一直採取模糊的態度，面對這個局面。有一天，德國聯邦銀行的行長希勒辛格（H. Schlesinger）在一場重要聚會的演講中，公開說：「如果投資人認為歐洲貨幣單位European Currency Unit，也就是ECU，是一籃子固定匯率的貨幣的話，那麼他們就搞錯了！」[12]

當時希勒辛格暗示義大利的貨幣里拉(Lira Italiana)前途極不樂觀，而有見識的索羅斯一聽就發覺問題，立即在他的演講結束之後向其發問。索羅斯向希勒辛格請教：「您會希望ECU成為一種新的貨幣嗎？」行長的答案居然是：「我喜歡它僅作為一種概念，但並不喜歡這個名詞，如果它叫做馬克，我會更喜歡。」當時，索羅斯的見識讓他在別人還誤以為，歐洲各國要集體面對這個天翻地覆的政治局面時，他就已經完全聽懂希勒辛格到底在說什麼。行長的話，等於私下建議索羅斯要去放空里拉，結果沒過多久，里拉就因為義大利經濟情況不佳，宣布退出歐洲匯率機制。

索羅斯的「見識」再度發揮功效，於是他直覺式的認知，下一個遭到攻擊的貨幣，就是本身就不樂見歐洲貨幣統一的英鎊。於是，他把所有原先放空

12 《索羅斯談索羅斯：走在趨勢之前》第八十一頁。

里拉獲得的利潤，拿來做為放空英鎊的準備。接下來的發展，例如丹麥的公民票決反對馬斯垂克條約，然後法國又有意見，在是否同意馬垂司克條約的公投前夕，竟然提出要求協商條約內容，想增加新的條件……這些形勢再再都顯示——歐洲內部並不團結。

吞噬十億美元的道德代價：一切都在遊戲規則之內

這些不團結的結果都轉換成為令英鎊貶值的壓力。面對壓力的英國央行，作出立即反應，將利息提調高二％，藉以捍衛英鎊。對索羅斯而言，這個調升利息的動作，反而送出一個英鎊面對絕望情勢的訊號。接到訊號的索羅斯在長期做好放空英鎊的準備下，一舉殺出，大量放空，結果在「黑色星期三」中午，英國銀行再度宣布升息，但在沒有什麼效果的情況下，當天晚上突然宣佈英鎊退出歐洲匯率機制。索羅斯獲利十億美元。

不久，紙包不住火，索羅斯獲利十億美元的消息不脛而走，讓他遭致許多批評。其中有多名政府官員與專家學者認為，英國銀行升息的做法是正確的，但問題在於索羅斯與他的隨從投資人，跟緊他的步伐，惡意放空，讓英鎊貶值，令政府蒙受大量的損失。當索羅斯被問到這一點時，他以反射性理論作為回答。他說，升息的動作並不能夠挽救英鎊免於貶值的命運，因此即使他根本不存在，最終的結果也是一樣的。他堅決放空的行動可能加速英鎊貶值的命運，但重點並不是速度，而是讓英鎊貶值的理論，被反射性地偵測出來，「這是一個錯誤的理論」。

歐洲匯率機制因為政治情勢的改變，因而從均衡的穩定狀態，轉為不穩定的動態發展。然而，在市場參與者的感覺中，多數人並沒有察覺這一變化所代表的涵義。真實的情況是：許多人注意的正好相反，也就是相信歐洲各國執意創造單一貨幣的決心。因此，這些人也因而認定，歐洲一籃子貨幣的匯率，會比以前更穩定。甚至還有許多投資人，因為相信這個機制不會變動，所以大舉買進危險貨幣的高收益債券。這個舉動讓歐洲匯率機制更形吃緊，而直到最後被壓倒崩潰為止。

這是非常重要的一部分，因為在這個情況中，當絕大多數人看到原有機制持續發展時，索羅斯卻看到完全不一樣的情況。到底是什麼見識讓他注意到這個戲劇性的轉變，以及感受到與他人截然不同的感覺呢？索羅斯事後回憶說，最重要的部分是他平常一直認為，使事物發生的條件可以在瞬息間出現，而這個認知讓他一直注意如下情況：英格蘭銀行一直宣傳，強調「匯率機制沒有問題」。這個時候，此地無銀三百兩的態勢昭然若揭——英鎊其實是有問題的。

認知到政府在作宣傳的索羅斯，二話不說，立即將放空英鎊的部位調至最高，然後再加槓桿，成為獲利的關鍵。索羅斯的見識讓他獲得巨大利益的事實，遭致了道德上的批判，在這些批判中，最嚴重的就是，作為一個投機者對社會所展現的不負責任態度，導致成無端平民百姓的損失。

這是一項很嚴厲的批評，因為這是指責索羅斯「只利己而不利他」，只顧及個人獲利，卻無視國家保國為民的政策。不但如此，索羅斯還大喇喇地把這些記錄一五一十的寫出來，真是商人只顧眼前利，無視他人寒冬苦。

在這個問題上，索羅斯展示他的哲學，並且說明他所奉行的道德原則。或許別人會認為，一個投資人不應該以投機為樂；投機是不道德的。這些人可能會將此觀念，視作倫理規範，堅信這個說法與道德的原則息息相關。但索羅斯卻認為，這個別人所奉行的原則，卻不是他認可的原則。

道德的認知，的確應該接受倫理的規範性，並且應當具有約束力。但是如果這個約束力沒有個人的認可，並純粹是別人的原則，那麼這個道德認知就成為一個由外部約束個人行為的規範。其實，這就不是道德的問題，而是規則的問題，或是法律的問題。對於索羅斯而言，承認限制他行動的規範，並不是問他應不應該投機，而是問自己：「所有我做的事情，究竟值不值得？有沒有我自己認可的理由，作為我行動的原則？」這種反省的態度，才是讓倫理道德具有約束力的真正力量。

最重要的是，在有關道德的判斷中，人人必須建構「與他人有別」的自我。為什麼呢？因為如果做事情的行動根據來自他人，而非自我的話，這與一個沒有思考能力的人有什麼不同呢？索羅斯當然不是這樣的人，因此他明確的說：「我並不執意捍衛在貨幣交易中應該有投機的機會，但我認為投機炒作貨幣是一個比管制貨幣好的必要之惡。避免這個問題，最好的策略當然是單一貨幣，因為這麼一來，投機客就沒有操作的空間。」13

索羅斯認為，他能夠提出捍衛自己從事投機舉動的理由，就是他做的一切「都在規則之內」。如果規則有錯，或是有漏洞，那麼對於作為一個行事符合規則的人而言，這是設定規則者的錯誤。索羅斯堅信，這是一個非常正確，而且受到道德肯定的立場。從這一個觀點而言，他對於被當作投機者是沒有任何道德上的顧慮的。

索羅斯並不因此而為市場上出現投機的機會沾沾自喜，但依照反射性理論的立場而言，這是多方面的肥沃。這裡所談到的「肥沃」，其中的涵義除了包括獲利的機會之外，還有促進社會進步的功用。投機機會的出現，除了代表規則出錯之外，更能夠在違反社會公平的原則下，迫使有權力制定規則的單位與機構，修改規則，甚至修正系統，阻止投機客牟取暴利。

其實，這就是反射性理論的應用，讓所有的權威放下原有的理論，隨時

13 《索羅斯談索羅斯：走在趨勢之前》第八十三頁。

做好修正錯誤的準備，使得投機的機會根本不存在。問題就在這裡，因為絕大多數的權威，不喜歡承認錯誤，甚至希望以威嚇的方式，警告投機者，不要見縫插針。就索羅斯的經驗來講，擁有權力的單位與機構，往往很不願意針對自己的錯誤做反省。這麼一來，他們的固執，會使他們失去察覺問題癥結的能力，甚至根本不知道問題出在哪裡。

經過「黑色星期三」之後，索羅斯體會到一個社會「維持開放」的重要性。於是，在賺錢之餘，步入年歲半百之際，他起心動念，想藉由捐款做一些慈善事業。不過，他的慈善與一般的慈善很不一樣，因為他要推廣一個從波普那裡所學來的理念，也就是索羅斯一生最賞識的理念——開放社會。

一九九三年，索羅斯成立了一個讓他捐款專用的「開放社會基金會」，專門扶助他所認為「需要幫助的社會」，讓它們因為他的支援，有機會從封閉社會轉變成為開放社會。

「開放社會」就像是一座燈塔，

在其燈光照耀下，

我們要認同什麼東西真的存在，

不同的團體、不同的個人，

可以有不同的意見。

終其一生賞識開放社會的索羅斯認為，

這束光，是求真實的光，

而不是求自由的光。

·第六章·

老年時期：對「開放社會」的賞識

索羅斯一生不但多采多姿，而且至少具有三種截然不同的身份。他先是一個失敗的哲學家，然後是成功的投資客，最後是獨特的慈善家。

乍看之下，這是三種完全不同的身份，但是索羅斯最奇妙之處，就是以反射性理論，將這三者結合在一起。我們在上一章，也就是有關賺錢的見識中，已經看到他是如何以反射性理論，將哲學與投資結合在一起。現在，我們要來看看索羅斯是如何實現他人生中精彩的最後部分，也就是「如何花他所賺來的錢」？這個一般人比較沒有機會遇到的問題，在索羅斯的心目中，卻有一個目光遠大的理想——開放社會。

索羅斯賞識開放社會的含意很深，同樣具有哲學理念、社會實用與人道主義三方面。更重要的是，「賞識」這兩個字，有特別的意義。所謂賞識，指的是欣賞的對象，而這個對象的實現，往往超越了我們自身的能力。索羅斯承認，實現他所謂的開放社會並不容易，因為這不但牽涉到他人，也涉及有關政治、社會，甚至文化的問題。索羅斯膽識與能力過人，再加上他超乎常人的毅力，讓他建立起無比的自信心。但是，一個極度自信的人，為什麼會賞識「開放社會」這個極難實現的理念呢？這是我們在這一章要回答的問題。

答案是綜合性的。對於發揮見識，賺大錢的索羅斯而言，賞識開放社會的主要理由有兩方面：一個是歷史的，另一個是哲學的。

在努力奮鬥的歷史進程中，索羅斯從一文不名，到屢創投資奇蹟的心路歷程中，讓他必須思考：賺到的錢要怎麼花，才有價值。這不是膽識或見識的問題，更不是知識或常識可以回答的；這是需要實現他所賞識的理想。此外，賺到錢之後的人生，需要知道什麼是存在的意義？這種問題很自然地走進索羅斯的腦海中，因此他必須知道，如何實現自我，如何成就人生意義，以及如何助人等等。這些問題的答案，就是按照理想，建立基金會，實現他所認知的開放社會。

對於索羅斯而言，開放社會是一個複雜的理念，在不同的時期，面對不同的生活狀態，都會出現不同的理解。這個概念複雜的理由有三方面：第一，開放社會是一個索羅斯從他的恩師波普的名著《開放社會及其敵人》中，得到初步的認知。索羅斯雖然深刻地受到這個理念的影響，但卻對於開放社會這個理念的認知跟波普不一樣。波普的開放社會理念，來自於他的哲學，而索羅斯對於開放社會的賞識，來自於他在抵達英、美這些自由民主國家以前的生活經驗。這個介於哲學理念跟生活經驗的差別，導致索羅斯對於開放社會的理解，提出了自己的看法，也算是對於波普原先想法的一種修正。

第二，索羅斯在賺錢之後，立即落實開放社會的理念，並且成立了「開放社會基金會」。在這個基金會運作的過程中，因為實質參與從封閉社會建構開放社會的過程，索羅斯逐漸發覺，開放社會這個原先他以為很好理解的理念，其實他並不真的理解。甚至說，在現實面上，他對於開放社會的實際運作，面對許多意想不到的困難。因此，在基金會實際運作的過程中，他發現開放社會的理念是一個「在動態環境中不斷發展與轉變」的過程，甚至會出現原先意想不到的結果。有的時候，在一個社會中，並不是每一個人都偏好開放社會，也有人依戀著封閉社會。還有一些人，原先曾經因為不願活在封閉社會中，傾向擁抱開放社會，但之後卻在生活改變的情況下，反而對於開放社會的好感逐漸淡化，最後將這個理想束之高閣不再理會。這些因素都讓索羅斯感到非常費解，因此他花了相當長的時間，嘗試理解這個問題。

第三，二〇〇四年，也就是當美國小布希總統（George W. Bush）準備競選連任的時候，索羅斯發現，在九一一恐怖攻擊事件之後，小布希實施的一連串反恐措施，讓美國這個世界公認的開放社會，出現封閉思維，迫使他必須承認，這個他原先自以為已經很熟悉的美國，其實並不是理想中的開放社會。他覺得，說明開放社會理念的困難太多，有很多地方需要進一步釐清。這些複雜的面向，讓索羅斯對於究竟該如何理解開放社會，怎樣落實以及如何維持它，都深深著迷。

基於個人成長環境所產生的情緒，索羅斯賞識開放社會的情感一直非常強烈。所以，雖然經歷過幾次概念架構的修正，雖然在實際運作上遭遇到許多困難，包括開放社會基金會在世界各地運作時遭致許多國家的批判，甚至連索羅斯本人都被非常多國家的政府列為不受歡迎人物……但這些困難都不能改變索羅斯欣賞開放社會的志向。相反的，他不斷追求更進一步地去理解開放社會，還將這個追求視為他畢生之職志。

我們在接下來的篇幅中，分別依照開放社會的意義、開放社會基金會成立的緣由與爭議，以及開放社會最後應用到美國的經驗這三點，分別說明索羅斯在賞識開放社會的心路歷程中，對於開放社會的理解所建構的概念架構；如何在實作的精神中，成立與發展開放社會基金會；最後是，為什麼索羅斯會將他對開放社會的賞識，沿用至自始至終都以開放社會自傲的美國呢？

•「開放社會」的意義與轉換

索羅斯在上個世紀五〇年代在倫敦讀書的時候，受到當時科學與哲學這兩個主要理論的啟發。這兩個理論分別是：科學的量子論，以及哲學的可錯論。前者指的是維爾納•海森堡（Werner Heisenberg）的「測不準論」（Uncertainty Principle，又譯作：不確定性原理）；後者指的是波普的名著《開放社會及其敵人》中所強調的「開放社會理念」。索羅斯對於這兩種理論都極為欣賞，成為自己畢生奉行的原則。

日後他最重要的兩項事業：「投資」與「慈善」中，主導投資事業的機構，是量子基金，另外主導慈善事業的機構，叫做開放社會基金會。從這兩項事業的名稱，我們就可以看得出來，索羅斯欣賞這兩種理論的程度。

從一個比較寬廣的角度而言，這兩種理論的本質都因為強調「不確定性」而相關連。量子理論著重於預測的不準確性，其實也就是哲學中的可錯性。因為這兩個理論都認為——人，天生就有限制，沒有能力在變幻莫測的自然世界中，做出絕對正確的認知與判斷。量子理論是物理學，強調的是物理系統的計算，所以對於自詡為哲學家的索羅斯而言，他針對這個理論能夠說明的部分並不多。然而，波普的開放社會理念，卻全然不同。

卡爾·波普的開放社會理念

索羅斯曾經說過，波普是除了他父親以外，對他一生影響最大的人，而其中最直接的影響就是波普所贊同的開放社會理念。索羅斯坦承，他對於開放社會特別欣賞的原因，來自於他幼年的成長環境。在十七歲以前，他經歷過納粹德國與共產主義，在這兩種集權性強、社會管制嚴格的封閉社會中，讓他對於波普書中談到開放社會與封閉社會的對比，產生了極為強大的感覺。這種感覺的原始出發點是政治上的認同，也促使他願意鑽研波普的哲學，處處以理解開放社會為焦點。

一九六三年，沉浸在思考開放社會本質的索羅斯，在紐約做交易。他一方面從事歐洲股票的買賣，另一方面利用剩餘的寶貴時間，盡一切力量完成了博士論文，也就是《意識的負擔》。當這一篇論文完成後，他立即寄給人在倫敦的波普。不久，波普給予這篇論文非常正面的評價，而這個評價讓索羅斯感到極為振奮。於是，他立即兼程飛抵倫敦，希望能夠見到恩師一面，請益一些相關的問題。

當波普見到索羅斯的時候，起初並不記得他是誰，後來經過索羅斯的自我介紹與說明後，波普終於把那篇論文跟索羅斯這個名字聯想在一起，然後嘆道：「我很失望！原因如下：我以為你是美國人，而從閱讀你的論文中，我對於能夠成功地表達我對於集權政體的觀點，感到很欣慰。但是，你是匈牙利人，而且你親身經歷過這些制度。」[14]這段話是索羅斯對於波普印象最深刻的部分。在這段話中，任何人都可以理解，因為同屬於在奧匈帝國成長的猶太族裔，無論是波普還是索羅斯，他們對於生活在自由以及開放社會中都擁有超乎尋常的渴望。

不過，雖然波普與索羅斯兩人都欣賞開放社會的理念，但他們兩人對於落實開放社會的態度與決心並不太一樣。波普講的開放社會，是一個從知識

14 《可錯性的年代》第五十二至五十三頁。

論原則出發的立場，也就是透過「可錯論」所達到的結果。對於波普而言，可錯論告訴我們：人是有限制的，人的認知能力沒有辦法得到絕對的真理，因此任何終極真理的宣稱，必然都是無效的。如果某一社會堅持它擁有真理，那麼宣稱擁有這個真理的社會，必然最終要依靠武力的鎮壓，維持這個真理的尊嚴。這種單一真理的宣稱，只會也只能存在於封閉社會中。

相較於此，在波普所談論的開放社會中，可錯論的原則是共識，所以沒有人會致力於證實，自己的認知為唯一的真理。因此，在這一個社會中，大家能夠和平相處的理由，就是發揚寬容的精神。如果有什麼事情是不可以做的，那麼禁止該行為的理由，必須建立在法治的基礎上。坦白說，這純粹是理念上的推理，但波普對開放社會在現實生活中應該如何實現，並沒有多加說明。不但如此，還因為他強調否定方法的緣故，所以波普從來就不針對任何理念做定義式的說明，其中也包含「開放社會是什麼」。

事實上，就連波普《開放社會及其敵人》書名中的「開放社會」，其實都是出版社所取的名字，而波普本人卻用了許多類似的觀念說明開放社會。對於這點，索羅斯的看法則很不一樣。他認為，一個這麼重要的理念，需要好好地說明它，並且讓它成為現實社會中的一部分。為了達到這個目的，索羅斯以青出於藍更勝於藍的精神，針對「如何理解開放社會」，他自己構思了一套概念架構，希望能夠藉此充實開放社會的實用面。

索羅斯對開放社會理念的轉換

索羅斯對於開放社會的概念架構，基本上是延續波普理論所發展出來的。其中除了理念的邏輯推理之外，他更強調，開放社會作為一個值得「賞識」對象的理由，並非全然是理論推理，也是實際的。至少，開放社會與封閉社會的比較，就是當年冷戰時期，自由與共產兩種政治制度下的對立。以冷戰時期的背景為主，索羅斯提供的概念架構，採用假設性的說明。他說：「在一個社會中，如果這個社會中的人沒有抽象思維的能力，那麼這些人看到的世界，就是眼前的世界。」[15]這句話是說，這個人眼前所見到的一切，他都會以為是真實的，而在他腦袋中所想的，也是固定的信念。

傳統的社會大致上就是這個樣子。在傳統社會中，每一個人都滿足於自己在社會中所扮演的角色，也接受這個角色在社會中需要負擔的工作。傳統社會沒有什麼不好，甚至我們可以說，在這種「日出而作，日落而息」的社會中，人人所過的知足常樂的日子，不失為一種理想。簡單說，這種社會在沒有遇到競爭對手前，可以維持封閉的情況。但一旦遇到另外一個比較進步的社會，那麼傳統社會相較於另一個求新求變的社會而言，必然是居於弱勢的。這個時候，想要改變的，往往是傳統社會中的人。

無論你多麼依賴傳統，不變的社會在與其他進步的社會相比較下，是沒有辦法維持不變的，所以關鍵在於——是否願意追求變化。然而，因為變化就代表不確定性，所以這對於一直以確定性為主的傳統社會，構成極大的衝擊。但是，如果這是必要的，那麼準備接受變化的社會，需要非常多心態上的轉變。其中最重要的準備，就是接受「批判思維」。能夠接受批判思維的社會，其實就是一個開放社會，而拒絕變化的社會，也就成為一個追求教條思維的社會，因而是一個封閉社會。

從中立的角度而言，其實這兩種態度之間並沒有什麼高下之別，甚至各自還有其優缺點。索羅斯針對這個部分提出比較優缺點的說明。以批判思維態度所建構的開放社會，它的好處是，可以面對多種可能性，也可以透過不

15 《可錯性的年代》第四十六頁。

斷地批判與否定，瞭解外在世界的變化方向。但是這樣的社會也有壞處，也就是追求確定性的感覺註定要失落了。

批判的態度其實就是求新求變，不斷地突破現狀，掙脫教條。因而在最具體的成效上，批判的態度讓我們能夠修正錯誤，接近真實。自然科學的成就，具體的反應了我們探究事物本質所達到的成果。這也是為什麼，自然科學的成果，最能夠滿足我們對於追求「知識確定性」的訴求。但是其它學科，例如人文社會科學的學科，就沒有辦法達到這種確定性。這個情況也說明：在處理有關「人」的事物上，我們沒有「讓追求確定性的欲望獲得滿足」的知識能力。這是一個常識，但這也是一切議題發生的起點。

有人會問，在「人」的世界中到底有沒有這種確定性呀？如果有，那麼在哪裡呢？如果沒有，那麼我們追求知識的目標豈不是枉然嗎？對於追求批判態度的人而言，與不確定性共處是一件好事，因為人嘛，本來就應該承認自已沒有什麼都做得到的能力；想要獲得絕對真理，無異於緣木求魚。但問題是，這種人太少了，這種天生的哲學家，能夠接受可錯論的人並不常見。而比較多的人會想盡辦法，滿足想要獲得確定性的欲望；這種人自然會傾向維持傳統，接受舊有信念，相信這個世界是為人所創造的完美環境。

最重要的是，傳統主義者堅信，這些信念並非你我幾人擁有而已，而是一大群人，甚至他們想說，這是所有的人都會接受的真實。其實這種情形在傳統社會中並不少見，甚至應該說，在歷史中，這種社會的出現就是常態。直到今天，許多與教育、道德、政治、宗教相關的事物，其主要的信念還是按照這個思維模式發展。對於這個情況，坦言偏好開放社會的索羅斯，殫心竭慮地想要找到突破點，喚醒人們的意識，理解傳統的信念不但跟教條無異，根本就是對社會的扭曲。

於是，索羅斯找到了他最擅長的領域，也就是市場中的經濟活動，作為比喻，藉以指出問題的關鍵。傳統社會中的人，肯定他們自己的信念，既完美，又真實。這與市場參與者一樣，傾向接受經濟理論的效能，並且認為這些理論的效用，就像自然科學的成就一般，既完美，又真實。表面上，將傳統社會與經濟理論放在一起做比較似乎有時空錯置的感覺，但從索羅斯的立場而言，它們相似的地方就是——都為了追求完美知識而扭曲真實。

表面上，經濟活動確實與自然科學的行為類似。理由有三：第一，人人都有牟利的強大欲望；第二，個人的決策能力；第三，賺賠贏輸的驗證。牟利的欲望，讓市場中的活動像自然法則一樣，均大同小異地依照類似的原則，從事投資與交易。個人的決策，又讓每個人的判斷能夠自由發揮，而賺賠的結果，則可以驗證判斷的正確性。這三點結合在一起，讓市場的經濟調查很像科學中的研究工作。但是，當經濟學家自詡為「類科學家」的同時，不要忽略了自然科學與經濟科學有根本的不同，也就是事實與人心的不同。

自然科學家陳述的是事實，而經濟科學講求的是人心。事實是一種靜態的指認，而人心講的是，市場參與者的心理狀態；這不但影響了經濟事實的指認，且本身就成為事實的一部分。這是經濟活動中很關鍵的觀念，因為它使得經濟活動不但出現無法準確預測心理狀態的結果，還會導致經濟活動在不同階段，會有改變性的發展。總而言之，自然科學與經濟科學兩者之間的差別明顯，就是前者對於自然事實穩定地描述，而後者卻對於人心只有浮動地揣測。

有趣的是，在投資活動中，往往只有那個與眾不同的判斷，是賺錢的判斷。從投資的角度而言，由於，「能不能賺錢」構成判斷的基本價值，導致企圖了解市場的人，陷入一個矛盾。一方面，理論說出了大家都應該依附的道理，而在另一方面，卻有人問：為什麼與眾不同的決策能夠賺錢？基於人人都想牟利的欲望，市場參與者都會作「事後諸葛」，解釋為什麼這個不同的判斷居然能夠賺錢。其實，在尋求解釋的過程中，我們應該做的是，批判檢討原有理論的限制，以及思考是否能用更好的理論取代它們。

實際上來說，因為人心浮動的緣故，在經濟活動中是不會有自然科學那種既完美又真實的成果。所以，在經濟活動中，無論多有把握的判斷，都有可能出錯。因此，誠如索羅斯所言，「謬誤是肥沃的」，因為在經濟活動中如果謬誤不可免，那就好好批判自己，找出會出錯的理由。對於從別人的謬誤中賺錢的索羅斯而言，這些都那麼言之成理，不難理解，可是對於其他人而言呢？

大多數人受到自然科學啟蒙的影響，以為理性可以操控自然，而且這種操控的心態很強，強到認為人心一樣可以透過理論去控制。所以，這些人會費盡心思，發明出各式各樣的理論，並且堅信這些理論是完美的，能夠解釋市場運作的詳細情況。這種執迷不悟的心態，造成市場參與者在「扭曲的真實」與「真實的扭曲」之間擺蕩，最後他們卻不得不承認，市場不但不能操控，還會因為出現太多不可預料的因素，例如法治、環境、公益、競爭等，根本就是不穩定的。

經濟的活動往往牽涉到買賣，結果就是漲跌賺賠，但錢的事小，利害大多也是由個人承擔。這跟個人有關的事情還算小，但若是問題是發生在政治層面上，問題可就大了，至少會有千千萬萬無辜的人，會因為其他人的決策而受害。法治之不彰，會導致不公不義的社會；環境不保護，會造成全社會，甚至全球性的災難。其他還有太多的理由，促使索羅斯認為，能夠修正錯誤，勇於面對改變與批判的政府，必然是比較好的政府。環顧所有的制度中，自由民主的制度最適合這種追求新與求變的組織，而民主制度能夠落實的前提，就是這種制度必須存在於開放社會之中。

推動開放社會所面臨的問題

開放社會的優點是，在個人層面上，它重視個人的自由選擇，而在整體的層面上，它鼓勵社會迎向變化的不確定性。這是索羅斯欣賞開放社會的主要理由，但這個單純理念上的理由，卻是不現實的。

在現實中，開放社會仰仗個人判斷的核心思想，有一個大漏洞。個人判斷所依據的價值，大多是情緒的，甚至是衝動的，至少是不完全理性的。這是有原因的，因為判斷來自「選擇」，而選擇所依附的標準是「價值的認定」。問題是，價值的來源，往往都是一些與情緒不可分割的因素，例如家庭背景、朋友建議、廣告媒體等等。這些價值不但影響個人決定，還會讓我們深信不疑。

很吊詭的是，原本追求反教條的開放社會，竟然由深信情緒、堅持己見的「個人」所主導。當然，或許你可以說，開放社會的主要功用就是打破教條，讓堅持己見的人面對必須改變的事實。這或許沒有錯，但這麼一來，開放社會將面臨一個更大的問題：支持開放社會的目的到底是什麼呀？

缺乏目的，的確是支持開放社會者的主要問題。開放社會支持個人的選擇，而個人又因為自己情緒所認可的價值去做選擇，但每一個人對於價值認可的程度並不一樣。同時，民主自由制度中的投票結果，又未必能夠解決這個各說各話的局面。這就是導致在開放社會中，個人與群體之間不斷地發生矛盾的關鍵。群體中有意見不同的個人，而個人又沒辦法形成在共識下的群體。這個矛盾讓人不得不問，難道開放社會就是這麼一個讓個人群聚在一起的混亂局面嗎？

面對這個問題，索羅斯除了一方面表現他對開放社會的賞識之外，也語重心長的提出他所認知的解決之道。他認為，讓開放社會成功的要件，必然是個人與群體的合作。其中，個人能夠因為自由而發揮創意，提升科學與藝術的成就，促進科技的快速發展，刺激知識的成長與創造生活水準的富足。整體而言，支持開放社會的主要目的，就是讓社會能夠因為「在個人創意與群體的支持下，達到社會的進步」。社會進步是一個很重要的目的，因為如果做不到這一點，那麼最容易發生的事情就是，在飽嘗混亂之後的人們，會轉向接受一個提供穩定價值與充滿確定性的封閉社會。

從索羅斯的觀點來講，開放社會是一個只許成功，不許失敗的建構。原因不難理解，因為我們是為了求新求變的目的而追求開放社會，揚棄原來在封閉社會中的教條。然而，如果開放社會的運作不佳，讓參與者未蒙其利，先受其害的話，那麼自然會有人認為，與其生活在開放社會的混亂局面，還不如生存於保有傳統秩序的封閉社會裡。換言之，封閉社會吸引人的地方出現了：人人各說各話，還不如擁有一套明確的信念。

久而久之，這套封閉社會的信念就會發展成為一套意識形態。意識形態不一定好，但至少意識形態包含了堅定的信念。這些信念會降低我們對於不確定性的恐懼，會解決社會缺乏存在目的的茫然，或許也會減少我們必須求新求變與做思考的麻煩。最後，在這種「因為想要避免混亂」而回到封閉社會的發展中，居然在眾人的同意下，我們很吊詭地，從開放社會回到封閉社會了。

理念與現實的結合

索羅斯坦承，在透過辯證式論述，分析開放社會與封閉社會各自擁有優缺點的過程裡，他處在理念推理與現實政治的交雜因素之中。理念推理的關鍵是，他採用二元對立論，認為開放社會與封閉社會是相互排斥的二元選項。實際上，這兩個選項都是在「個人」與「群體」孰輕孰重之間的選擇。而現實政治指的是，索羅斯在建構這個開放社會理論架構的當下，正處於以美國與蘇聯兩大陣營為首對峙的冷戰時期。

在資本主義與共產主義對峙的冷戰期間，雙方擁有各自的意識形態，特別是在對社會的理解與規劃上，雙方提出完全相反的看法。這些看法讓群體主義與個人主義的對立，直接轉換成為封閉社會與開放社會的對立。這是現實政治，也是曾經發生過的歷史事實。這個事實讓索羅斯更加認為，有關開放社會的概念架構，必須要能夠達到一個兼顧理論與現實的境界。

本著「可錯論」的基本精神，索羅斯認為這個概念架構有不完全符合歷史發展的部分，因為其中包含許多純理念的推理。但是，雖說如此，這個架構並非完全與歷史無關，因為它確實也包含了一個歷史規律。這個規律是說，無論是在傳統政治中，或是在極權制度下，所有封閉社會存在的前提，必然是有意識形態，在國家威權的制度下，強迫所有人聯繫在一起，並且降低社會中個人的自主意識，甚至在強烈信念的主導下，將社會的整體轉換成為「社會有機體」。在冷戰時期，尤其是在意識形態的對立達到旗鼓相當的階段時，普遍存在於東歐國家的意識形態與國家暴力，就是導致這個規律說明開放社會與封閉社會對峙的主因。

在這個情況中，也就是在兩種社會概念相持不下的時候，索羅斯毫不保留地承認，他對於開放社會的偏好。因此，在上個世紀七〇年代的末期，索羅斯就致力於捐錢給世界上所有他認知下的封閉社會。他所捐助的第一個對象，就是在一九七九年，對還在實施種族隔離政策的南非。索羅斯提供獎學金，讓南非的黑人有機會接受高等教育。到了九〇年代初，當冷戰結束時，索羅斯立即興致沖沖地於一九九三年，在美國成立「開放社會基金會」，針對東歐那些原來屬於共產國家的社會，提供捐款，發展開放社會的理念。

• 索羅斯成立「開放社會基金會」的緣由與爭議

索羅斯是一位很特殊的慈善家。作為一位成功的商人，然後樂於把賺到的錢捐出去，把錢用於社會公益上，這類案例在美國其實屢見不鮮。但是在以下三個層面上，索羅斯的慈善事業是很特殊的。首先，他因為「黑色星期三」的投資績效一戰成名，變成知名的「金融巨鱷」、放空專家。後來，跟索羅斯有關的傳奇故事不斷地發酵，在任何國家的金融市場裡，只要有索羅斯出手的風聲出現，都被視為不祥的徵兆，讓人不寒而慄。而索羅斯以「慈善家」的名義，捐出錢來，這真的是坐實了我們常說的——鱷魚的眼淚。

第二，索羅斯捐款的目的是為了一個他賞識，卻又還不十分清楚的哲學理念，也就是開放社會。開放社會是索羅斯至為欣賞的理念，所以他不但希望能夠清楚地理解它，也想要推動它，落實這個他長期相信的理念。因此，他不但針對開放社會提出概念架構之外，還在有機會落實這個架構的時候，馬上出手，掌握在全世界每一個能夠建立開放社會的機會。

第三，不同於一般慈善捐款，捐贈方往往把錢交給「專家」去執行慈善專案，索羅斯總是事必躬親，經常由自己決定哪一個社會需要「開放」，然後他經常親自飛到該地處理基金會成立的事務。一段時間之後，他自己會做判斷，決定要繼續援助該社會，還是終止其基金會的運作。

這三點都非常特殊，而支持索羅斯這麼做的理由，就是他想要在全世界推展開放社會的理念。從一九九三年「開放社會基金會」正式成立以來，他已經捐款超過一百一十億美元。二〇一三年，開放社會基金會提出八億七千三百萬美元的預算，其額度之高，僅次於微軟總裁比爾．蓋茲（Bill Gates）夫婦的捐款，居全美從事慈善捐款者的第二位。這些記錄說明索羅斯不僅是真心捐款，而且有時還因為堅持開放社會的理念，得罪了許多在地政府，搞得自己一身腥的情況經常發生。這種吃力不討好的局面，讓我們不禁想問：為什麼索羅斯要這麼做呢？

一個特殊的慈善事業

在其口述自傳中，也就是《索羅斯談索羅斯：走在趨勢之前》這本書中，他提到：一九七〇年末，當他所管理的基金規模到達一億美元，其中屬於他個人的資產達到兩千五百萬美元。這個時候，他問自己，在有足夠金錢的情況下，還需要做什麼事情來充實自己的生命呢？經過幾番深思後，他決定要實現他一生賞識的開放社會。當時，他其實連到底什麼是「開放社會」都還不是很清楚，就依照波普哲學的原則，以自由民主為底，企圖透過捐款推動一個保護少數主義、遵守法治精神、遵循市場機制、維持和平發展的社會。

從這幾點中，我們可以看得出來，索羅斯所講的開放社會，其實就是一個讓他這種過去一文不名的小人物，經過努力，能夠發財致富的環境。在這麼強烈的個人目的之下，索羅斯所組成的開放社會基金會，意義當然與一般的慈善基金會有很大的的不同。實際上，他的慈善事業不但不同於一般的認知，索羅斯還非常反對一般慈善事業的基本精神。

索羅斯認為，一般的慈善事業，最終必然會產生他所謂的「慈善的矛盾」，也就是說，受惠者變成捐贈方的依賴者，反而沒有自立自強的能力，而捐贈方則因為習慣於享受被吹捧的感覺，也失去了做慈善的初衷。因為這個緣故，所以索羅斯經營的是一個非常低調的基金會，他對外界詢問基金會運作的人說：「你不用打電話來，我們會自行聯絡你！」對於基金會的業務，索羅斯則主掌一切決策權，甚至包含判斷哪些社會需要開放社會的發展與援助。

早在一九七九年開始，索羅斯就曾經捐款給南非的開普敦大學，讓受教權利不公平的黑人，在種族隔離的政策下，有接受高等教育的平等機會。但最終的效果並不是很好，以一事無成坐收。

對索羅斯而言，這個失敗的經驗跨出了以捐款方式推動開放社會的第一步。在索羅斯撰寫《金融煉金術》的時期，他就已經熱衷於進行這種獨特的慈善事業。前聯準會主席沃克在為《金融煉金術》做序的時候就已經提到這一點，他說：

「索羅斯以極為成功的投資客著名於世，又經常相當聰明的能夠比別人早一步獲利了結。在賺得的資產中，他運用其中一部分鼓勵過渡時期的新興國家轉型成為開放社會。開放的意義並不僅限於商業上的開放，而更重要的是對於新理念與不同思維模式與行為的開放。」16

這本書於一九八七年五月出版，當時讓索羅斯攫取巨利的「黑色星期三」尚未發生，所以相對而言，他還是一個比較低調的人物。但沃克在那個時候就已經說出索羅斯推動開放社會的決心。這份決心直到今天依然可以在開放社會基金會的網站上清楚的看到。索羅斯說：

「我在財經市場上的成功給予我比一般人還多的自足能力，這讓我在有爭議的議題上可以採取立場，事實上正是因為別人沒有這個機會，所以我有義務這麼做。」

索羅斯的這段話說出他勇於冒險的膽識。從一九八〇年開始，也就是在冷戰時期還未結束的時候，他就已經在東歐的許多共產國家，諸如捷克、波蘭、匈牙利推展他的開放社會計畫。可以想像的是，在冷戰期間想要在前

16 《金融煉金術》第三版第xii頁。

蘇聯與共產國家中建立開放社會，不但困難，而且也容易引發在地政權的側目。結果的確如此，因為除了在匈牙利之外，其他國家的開放社會基金會都無法按照原有的理念發展。而在所有索羅斯支持的國家裡，「開放社會」這個名詞甚至是連提都不能提，這種情況在索羅斯的老家匈牙利也不例外。

東歐與俄國的經驗

值得注意的是，索羅斯的基金會在匈牙利運作的非常成功，可以說是成就斐然；這或許是跟索羅斯本身是匈牙利人，以及他在此維持了相當多人脈的便利條件所創造出的結果。從一九八四年起，索羅斯就進入匈牙利發展基金會的業務，最終以他的名義成立「索羅斯基金會」，運作卓越，每年僅以三百萬美元的預算，就已經讓基金會被稱為匈牙利的「地下教育文化部」。索羅斯對於這個比喻，感到無比的光榮。

處處以「佔先機」為首要天職的索羅斯，他不忌諱冷戰時期的政治對立，最先進駐到許多東歐國家。到了一九九〇年，索羅斯已經在多達二十幾個國家中都成立了基金會。但就在這個時候，驚天動地的事情發生了。蘇聯解體，東歐國家紛紛脫離原有的共產陣營，開始擁抱自由民主。這些國家的人民從直覺上認知，講求自由民主的開放社會勝過原有的封閉社會。索羅斯看到這個機會，想起了他的父親在一九四四年，納粹進入布達佩斯時所對他說的話：「這是非常時期，一切要以非常的手段面對它。」

一生奉行反射性理論的索羅斯知道，政治與財經是同一個道理。原先假設完美的共產主義與計劃經濟，在九〇年代面對的革命時期，正是長期扭曲社會的反射。在這段時期，別人看到的是革命，而索羅斯看到的卻是「完美理論」的崩解，反射進入殘酷的真實。

於是，自認是可錯論專家的索羅斯察覺，這是一個推廣開放社會千載難逢的好機會。他堅信這是一個像父親提瓦達所說的，「一切事物都有可能」的機會。他甚至想起父親曾經說過的一個例子：第一個進入企業管理辦公室的人，可以立即接收企業，而當第二個人進入辦公室的時候，他就會發現辦公室裡已經有人在主導一切了！

索羅斯下了決心，要成為進入蘇聯解體後的東歐之第一人。不同於所有其他的政府與個人，索羅斯帶著三項必要條件，也就是他的政治信念、他的龐大資金，以及他對時機的理解，在很認真的態度下，將所有的精力投入基金會的運作。當時，沒有其他基金會或團體，以如此快速的方式進入這個發生革命的區域。這個時候的索羅斯，甚至在對於當地法律條文都還不是很熟悉的情況下，以先佔先贏的方式去推動他所賞識的開放社會。

到了一九九一年，立即展開行動的索羅斯已經在解體後的蘇聯，與追求民主改革的二十幾個國家建立了基金會，其中最成功的仍舊是在匈牙利。在那裡，他成立了一所大學，叫做中歐大學（Central European University, CEU）。而最失敗的經驗，應該就是在俄羅斯葉爾辛（Boris Yeltsin）總統任內參與推動市場經濟的計畫。

在東歐推動開放社會的索羅斯，原先並沒有意思要建立任何常設機構，更不要說是辦大學了。但是在一九八九年蘇聯瓦解後，東歐各國出現改變原有體制時，索羅斯發現，革命的重點不應該只是推翻執政當局，而更應該在理念與實踐上推動開放社會，而且需要從知識與政治的脈絡上去理解它。因此，索羅斯以嘗試錯誤的方式，在沒有任何詳盡的規劃下，於一九九一年九月開出課程，然後幾個月後中歐大學才成立。目前為止，這所以研究所為主的大學，經營人文科學研究所，授予碩士學位；地點位於布達佩斯市中心，一棟基金會自己建造的樓房裡。

至於在俄羅斯的情況，就完全不一樣了。索羅斯原先想在俄羅斯做的事情太多了，因為美元在俄國十分好用，加上俄國當時對美元的需求量很大，所以帶著大筆美元前往俄國的索羅斯，總是能夠做出一些他在其他地區不曾做過的事情。例如說，他成立了「國際科學基金會」（International Science Foundation），提出一億美元的捐款，發放給每一位知名的科學家，每年每人五百美元的獎學金，一共發放了兩萬五千多名，總花費的金額還不到兩千萬美元，其餘的錢則用來補助研究專案。

事後，索羅斯被問到，為什麼要特別在俄羅斯為了保留科學成果而努力的時候，他說：「一方面是因為俄羅斯擁有非常不同於西方的科學傳統，另外的一個重點是我發現，科學家就其工作與研究而言，比較能理解以及支援他的開放社會理念。」17當索羅斯這麼毫不掩飾地在俄國推動與政治相關的開放社會，自然也導致他的基金會，不久就遭到俄羅斯國家杜馬（State

Duma，俄國國會）的調查。不過正如索羅斯所估算的，他的調查案在一群科學家的支持下，最終獲得國會對他的所作所為表示同意。

比較有爭議的是，索羅斯高調介入蘇聯解體時，從計劃經濟轉向市場經濟的過程。早在一九八八年索羅斯就已經向蘇聯政府提出建議，在中央計劃經濟中合併市場經濟，這個計畫雖然獲得官方的支持，但當局不久就發現，這種雙軌混雜的計畫根本就是行不通的。然後，在戈巴契夫（Mikhail Gorbachev）擔任總書記的時期，戈巴契夫提出想要將俄羅斯的經濟轉型為市場經濟的計畫，名為「沙壒嶺計畫」（Shatalin Project）。索羅斯參與了這項計畫，還帶領了俄羅斯的代表團在一九九一年參加世界銀行（World Bank）與國際貨幣基金組織（IMF）所召開的聯席會議，親自為俄羅斯爭取國際資助，結果失敗了。

17 《索羅斯談索羅斯：走在趨勢之前》第一百三十頁。

那個時候，國際融資機構對於拿錢幫助俄國的興趣似乎不大，而事後，索羅斯對於這件事情耿耿於懷。他認為國際社會缺乏遠見，無法理解這件事情從長遠來看的重要性。可惜的是，索羅斯當時尚未成名，以致於人微言輕，未能實現理想。這個理想未能落實的結果，是俄羅斯的經濟逐漸從衰敗轉向混亂。在這個混亂的過程中，葉爾辛總統上臺了。一九九五年到一九九六年，葉爾辛總統在需要資金競選總統的情況下，誤信讒言，提出惡名昭彰的用拍賣國營公司股權進行借款的計畫。索羅斯雖然沒有直接參與這項計畫的制定，但他確實在俄羅斯國家資產的拍賣會中，認購了俄國最大的電信公司西雅茲（Svyazinvest）。

事後，索羅斯解釋，他參與認購該公司股票的理由是，想要以合法的方式參與俄國市場經濟的發展。但沒過多久，索羅斯就發現這是他一生最差的投資，所有只求牟利不問平民百姓死活的資本家們，自相坑殺的結果，讓索羅斯原先打算以慈善事業開創開放社會的理想蒙塵不說，還讓他在俄國，連自己的投資能力都遇到被否定的命運。

在這個俄羅斯與索羅斯雙輸的局面中，俄羅斯因為政局混亂與經濟衰敗，開始讓人民憎恨所有一度鼓吹建立西方式自由民主的人士，其中當然也包含索羅斯。而索羅斯也不客氣的認為，西方的財經機構，例如世界銀行或是國際貨幣基金組織，它們對俄羅斯的危機不聞不問，任意讓其分裂沉淪，導致截至目前這個民族主義高漲的局面；對於這個結果，西方世界不能推卸責任。面對這個令人不滿的雙輸情況，索羅斯承認挫敗，但依然不願意放棄他對推動開放社會的堅持。

他仔細思考俄羅斯改革失敗的原因後發現，長年的中央集權制度導致政府缺乏運作上的彈性之外，也在中央集權退位之後，各個機構轉而以利益交換的方式作為運作的新模式。這個新模式，依照弱肉強食的叢林法則，一切毫無章法，讓改革的秩序大亂。原先改革追求的是打破舊有體制，但是失去中央極權制度後，並沒有出現穩定的新局。取而代之的局面中，貪婪之人肆無忌憚地以低價賣出高價的國營企業資產，加上政治上的貪污腐敗，社會的分離與無助，這些情況的集結，最後讓人發覺，俄羅斯在改革過程中，可能經歷了人類經濟史上最荒謬與混亂的一頁。

俄羅斯進行改革的最後結果是，實際從事生產的人完全不能夠分享到改革的成果，而從中牟取暴利的人，卻拉大原本就已經極端懸殊的貧富差距。這使得俄羅斯不但沒有因為改革的腳步走向開放社會，還因為這場販賣國營企業資產的鬧劇，破壞原先維持社會秩序的意識形態、國民道德、政府機制、經濟秩序，甚至國家領土。這些因素原本是這個國家得以整合的主要基礎，但在失去它們之後，俄羅斯已經無可避免地進入一個分崩離析的社會。

更可怕的是，正如同反射性理論所預測的滾雪球現象一般，民眾對於體制改革失敗後的不滿情緒持續加深，讓混亂的情形持續擴張。在這個情況下，一心一意想要推動開放社會的索羅斯發現，這是一個從實際角度檢討開放社會理論的大好時機。

對概念架構的修正

首先，索羅斯依然堅持開放社會比封閉社會進步。但開放社會需要一個社會結構讓所有的人，一方面可以維持不同的意見，但另一方面又要能夠聚集在一起。想要做到這兩方面的結合，也就是集結個人與群體，並不容易。所以，他才透過基金會的運作，由外而內的去推動開放社會。但是，在俄羅斯的失敗經驗，迫使索羅斯開始修正他最先為開放社會所設計的理論架構。

在舊有的架構中，索羅斯認為開放社會與封閉社會是兩個相對的概念。

這個意思也就是說，一個封閉的社會在自由民主制度的運作下，必然會轉向朝開放社會發展。比較值得注意的地方是，原先索羅斯認為，從封閉社會朝向開放社會發展，不但是進步的象徵，也是歷史必然的結果。但「後蘇聯時期」的經驗告訴他，這並非是必然的結果。一個封閉社會並不一定會朝向開放社會發展，因為封閉社會的崩解與分裂有可能持續一段很長的時間，或許到了最後才會逐漸穩定下來，但那段混亂期間，足以破壞一切理想。

究其原因，主要的理由是：開放社會不但會被教條、意識形態、集權政治所威脅，也受困於社會混亂與失敗的政治。這讓索羅斯想起，原先從波普那兒學到開放社會理念的原始精神。波普認為，讓開放社會無法實現的原因，就是「集權政治」。而索羅斯在這個架構上又提出自己的看法，他認為，如果「人」過度自由，或是社會發展缺乏長遠目標的話，會讓教條與意識形態重新吸引群眾，反而又會陷入封閉社會的回頭路。

現在新的狀況出現了，封閉社會在經歷了混亂的局面、失能的國家系統之後，會持續的分崩離析，對於邁向開放社會之路必然會止步不前。因為這個緣故，所以索羅斯著手修正他針對開放社會所建構的概念架構。

在他的修正中，開放社會與封閉社會的二元對立，改為三元。這三元分別代表了封閉社會轉向開放社會發展的三個階段。首先是，封閉社會的靜態不均衡狀態；然後是，混亂局面下的動態不均衡狀態；最後才是介於這兩種狀態中間，屬於比較接近均衡狀態的開放社會。

若把它們合在一起看，這三個狀態主要說明的是，由於封閉社會中的「教條」會鉗制人們的思想，久而久之，自我蒙蔽的現象必然出現。在封閉社會轉型到開放社會的過程中，這種自我蒙蔽現象若曝露在轉型中相對「比較進步」的社會時，就會打破原有的均衡假象。同時，如果在打破舊有體制的過程中充滿太多不實際的理想，那又會陷入另外一種自我蒙蔽的假象，並且在失去了中央施令單位，轉為群雄並起的局面之後，只會讓情況更混亂。

索羅斯以「水」的三種狀態：固態，液態與氣態，形容上述的三種狀態。他說，固態指的是封閉社會，氣態指的是混亂的局面，而居中的液態，就像開放社會，是最好的，因為既能夠有流動性，又能夠有方向感。他認為固態是不動的，而氣態是不靜的，這都不是一個理想社會應該維持的狀態。這當然是一種一廂情願，按照自己的理論，自圓其說它的比喻。主要原因還是，開放社會在理論上或許有其優越性，但在現實面上，卻不是想像中那麼容易落實的。

索羅斯坦承，他賞識「開放社會」這個名詞的理由相當主觀。但他有信心，一個對內與對外維持開放的社會，必然會是一個比較好的社會。雖然他對於開放社會充滿了信心，但是有一件事情倒是讓他覺得非常意外。他發現，美國在二〇〇一年九月十一日遭受恐怖攻擊後，這一個有兩百多年歷史的開放社會，居然在小布希總統的領導之下，走向封閉社會的發展。對於索羅斯而言，美國作為世界上最強大的國家，有責任也有義務維持開放社會。因此，他轉而將開放社會基金會的業務轉回到了自己的國家。

・霸權泡沫，美國的開放社會怎麼了？

二〇〇一年九月十一日，美國受到激進的回教「基地組織」（Al-Qaeda）攻擊，十九名恐怖份子劫持了四架民航客機，其中兩架客機分別衝撞了紐約世貿中心，造成二千七百四十九名無辜的美國民眾死亡。這場怵目驚心的恐怖攻擊事件，不但揭開了二十一世紀的序幕，也讓美國這個二次大戰以後唯一世界超強的開放社會，走向一條令人詫異的道路。對索羅斯而言，這就是美國社會開始朝向封閉社會發展的道路。

當利益大於真實，社會終究會遠離開放

事實上，早在九一一事件之前，索羅斯的開放社會基金會，就已經在美國展開他所謂的「慈善事業」。這些事業集中在兩個方面，一方面是索羅斯捐錢，讓社會經濟議題公開化；例如，死亡與毒品。另一方面是，索羅斯反對美國的專門行業，朝向商業化發展的這個趨勢，尤其是法律與醫療。前者針對的對象，都是普遍存在於美國社會中，但大家都避而不談的事情。所以索羅斯算的上是「哪壺不開提哪壺」。後者批評美國商業化的風氣過重，導致美國法律界與醫療界為了賺錢，只重視利益而不重視真實。坦白講，這兩方面的事業都不討喜，也讓索羅斯在美國成為一個不受歡迎的人物。

九一一事件發生之後，美國總統小布希的一切作為，讓索羅斯憂心忡忡。他認為，針對九一一事件後所發動的反恐戰爭，其施政作為是愚弄百

姓，在開倒車，且輕易地否認美國先烈先賢所設定的民主價值，轉而藉著反恐的名義，箝制言論自由，阻絕批判思維，發動入侵伊拉克的戰爭等等。這一連串措施的結果，不但拖累美國，連其他國家對於美國領導世界的能力都大表懷疑。其實，就算懷疑美國的領導能力也沒有用，因為在面對世界唯一的強權之下，其他國家沒有別的辦法。

既擔心美國社會，又擔憂世界秩序的索羅斯，此時可說是奮不顧身。二〇〇四年，當小布希總統競選連任的時候，索羅斯認為此時正是把小布希拉下總統大位的大好時機。在這個「反輔選」的過程中，索羅斯把他的經驗寫成一本書，取名為《美國霸權的泡沫》。

這本書一開始，索羅斯就挑明地講，小布希利用九一一事件，轉變了美國外交政策的原則。他說，國際關係是權力關係，不是法律關係。權力勝出，法律就為權力背書。美國毫無疑問地是後冷戰時期最重要的權力，因此美國可以將它的觀點與價值，加諸在世界之上。這個世界曾經一度因為美國的強大而獲得利益，因為在過去，「美國價值」展示了它們的優越性。但是，在九一一事件之後的表現中，美國未能展示其手握權力應有的潛能。這種作法必須改正，而且美國應該恢復它過去領導世界的地位。

美國原有的優勢就是開放社會。在一個開放社會中，最珍貴的理念，就是允許批判，甚至希望每一位公民都具有批判性思維。而這正好就是九一一事件之後，小布希總統所壓制的。小布希總統利用國家受到攻擊的悲情，發動反恐戰爭，並注入恐怖因素，獲得大多數人對反恐政策的認可，並因而順勢破壞了開放社會中的批判思維。這是美國轉向封閉社會的原因，也是索羅斯利用二〇〇四年小布希競選連任的時候，捐了五十億美元，對其進行反輔選的主要理由。

結果，小布希連任成功了。這讓索羅斯不得不將問題轉為問：美國選民到底怎麼了？為什麼美國選民會支持小布希連任呢？對於索羅斯而言，最主要的原因大概就是，選民並不覺得他們被利用了，或者是說，他們被反恐戰爭的激情沖昏了頭。那麼，是什麼因素導致美國大眾這麼容易相信小布希總統的反恐策略呢？答案居然是一種在美國流傳已久的風潮——只問成功與否，不談是真是假。

從開放社會基金會在美國發展的初期，索羅斯企圖改革法律與醫療過度重利的趨勢，就是因為他發現美國的專業精神不斷下降，取而代之的是以成就論英雄，尤其是以財富多寡的標準，作為判斷成功與否的依據。這個風潮漸起，而求真的精神，難免在追求物質成功的影響下，必然受損。在這個關鍵的風潮上，索羅斯反問，不重視真實又有什麼問題呢？

對於一生賞識開放社會的索羅斯而言，這是一個很有意義的問題。「真實」是開放社會的核心概念，因為開放社會能夠進步的主要原因，就是在開放社會中，雖然絕對的真實不可得，但這並不表示絕對的真實並不存在。不斷地追求真實，就是持續進步的最大保證，而正是因為這個理由，所以社會發展若趨向真實，就不會出大錯；若是背離真實，不免會釀成大禍。

為了避免大禍，開放社會支持發揚批判理性，認為唯獨如此，人們才能夠經常修正現有錯誤，反而不至於脫離真實太遠。這是開放社會從波普開始就堅持的原則，不過索羅斯卻注意到一個他不曾問過，卻與美國現狀息息相關的問題。這個問題是：如果真理不可得，那麼為什麼不透過人為操作，告訴人民操作後的「真理」呢？

對於這個問題，索羅斯覺得有必要再次修正他對於開放社會所建構的理論架構。索羅斯原來認為，因為操作下的「真理」是假的，遲早終將面對真實。當真實絲毫不留顏面地顯示時，虛假的操作會在真實中，畢露無遺。不過，在小布希總統連任成功以後，索羅斯發現，這種求真的精神只是他個人的立場，很多人卻認同相反的事：既然絕對的真實不可得，那麼相對於信念而存在的「真實」，就是我們求真最重要的回饋。

在反射理論的燈塔下，美國社會的真實狀態

在美國人的信念中，美國是最強大的國家，不容受到攻擊，而且萬一有什麼事情發生，美國應當具有先發制人的軍事能力。這是美國人相當普遍的認知，其實也無可厚非。再加上，講求批判理性的開放社會是一個哲學概念，但哲學概念並不是美國人偏好的領域。美國人本著傳統中的實用精神，做事只問有沒有用，事後只問有沒有效果，在這種只講實際用處，不問內在價值的傳統中，美國雖然表面上維持了兩百多年以自由民主為基礎的開放社會，但就其國民所展現的文化傳統而言，美國人其實需要更深入地理解如下

事實——他們依照信念所建構的社會，還不是真正的開放社會。索羅斯用反射性的理論解釋，為什麼美國民主的運作依然不能夠符合開放社會的要求。

美國民主在科學理性最受肯定的時期萌芽，也就是十八世紀啟蒙時代的產物。在那個時期中，受啟蒙的人認為，「科學理性」是我們用來理解社會的唯一標準，而所有在理性之外的傳統標準，都是蒙昧的與非理性的。美國的憲法延續了啟蒙時代的理性精神，透過三權分立的制度，寫下著名的《獨立宣言》（*Declaration Of Independence*），至今不渝，奉行如初。問題就在這裡，美國的立國精神中，在建構完美憲法的心態下，追求的是長治久安，想要以「一次到位」的方式，建立起永恆不變的自由民主制度。然而，伴隨著知識的進展，開放社會不單是一個不變的制度，而是一個隨時修正下的成果。

對索羅斯而言，天下沒有掌握真理的理論。因此，對於現狀維持批判的態度，反而是一個與真理保持最近距離的方式。維持開放社會的目的，就是讓每一個人都能夠自發性地實現這個態度。美國社會逐步脫離開放社會的重要原因，就來自於開放社會在美國已經轉向成為一個「靜態的認知」，甚至是一個不會改變的信念。堅守不變的信念，就有教條化的傾向，而操作教條為真理的步驟，相對而言是比較容易的，大致上就是不斷地強調該信念有用，而有用的理由，正是因為這個信念是「真實」的。

在「用處」與「真實」的交相運作中，兩者形成如同反射性理論所描述的「渦旋效應」，造成像滾雪球一樣的結果，最終是讓美國成為一個自我感覺良好的社會（A-Feel-good Society）。一個自我感覺良好的社會，其實是很脆弱的，因為它並沒有勇氣面對真實，只能活在被扭曲的真實中。從哲學的角度來講，美國社會風潮中缺乏認知可錯論的價值，誤以為現狀是完美的。

當教條可以操作成「真理」，但實際操作的目標，又以人民的意願為主的時候，這就不是真理，而更像是一廂情願的想法。這個想法偏偏又依附在美國人對外在世界的理解中，甚至依附在追求用處勝過真實的價值體系中。在講求實用的美國社會裡，當九一一恐怖攻擊發生時，被惹火的美國人會以「被冒犯」的情緒，同意擴大政府的行政權力，以國家安全為由，在國內限制公民權利，在國外發動反恐戰爭，同時禁止國內外的批判聲浪等等。索羅斯認為，最奇妙的是，這些都成為是可以被美國民眾容忍的事情。

對於這些，索羅斯是不能容忍的。終其一身賞識開放社會的索羅斯，身體力行，除了不斷捐錢在世界各地成立開放社會基金會之外，也建構一套概念架構解釋什麼是開放社會。最重要的是，他一直延續可錯論的精神，不斷地修正這個架構。從青年時期在倫敦政經學院念書開始，當第一次聽到開放社會這個理念時，索羅斯就極度賞識。經歷了好幾次的修正，他想要企圖透過概念架構的不斷修正，準確地掌握開放社會的內涵。

最終，索羅斯回到自己的國家，美國。他想問，美國應該如何維持它的開放社會呢？針對這個問題，他語重心長的回答：「開放社會並不是一個完整的政治理論，因為如果是，就會讓這個理念陷入矛盾。只有在封閉社會，才有可能形成一個完整的政治理論。」[18]所以，在一個社會中，開放社會只能像是一座燈塔，至於說，在燈光照耀下，我們要認同什麼東西真的存在，則允許不同的團體，甚至不同的個人，有不同的意見。

在一個開放社會中，甚至允許少數人，不認同開放社會，只需要多數人認同這個理念即可。關鍵是，這並不表示這些人在開放社會中可以各說各話，樹立對抗。開放社會能夠化解歧見的原因，正是因為，它提供一個讓大家溝通的平台。在這個平台上，大家的共識不是追求自由，而是追求真實。簡單來講，開放社會是追求自由的必要條件，卻不是充分條件。

18　《可錯性的年代》第九十頁。

在開放社會中，我們未必能夠擁有令每一個人都滿意的自由，但若不是活在開放社會中，我們絕不會擁有任何形式的自由。因此，在開放社會就像是燈塔的比喻裡，它所照耀出來的光，能讓我們持續活在進步中的因素，是求真實的光，而不是求自由的光。這是終其一生賞識開放社會的索羅斯，在古稀七十高齡之後，對於開放社會的目標與運作方式所提出的最佳詮釋。我們認為，這也是他自己一生當中所展現的最重要觀點，而這個觀點長期存在於他的意識當中。

一個已屆遲暮之年的億萬富翁，

為什麼還要高調討罵？

難道他不知道，

只要一直潛伏在水中，不輕易露面，

可以省去很多不必要的麻煩嗎？

答案只有一個——

索羅斯是有意識地這麼做的。

・第七章・

餘年時期：在成熟的意識中認識自己

一九三〇年出生的索羅斯，目前已經進入他精采人生的餘年階段。從旁人的眼光來看，不必諱言，他的人生之所以精彩，主要的原因當然是因為他賺了很多錢。然而，在這個世界上，賺大錢的人太多了，財富不會是精彩人生的充分條件，甚至不是必要條件。那麼，從我們的觀點來講，索羅斯的人生究竟精彩在哪裡呢？對於這個問題，我用兩個字回應——高調。

雖然賺大錢的人不少，但像索羅斯這樣出書，紀錄他賺錢的經驗，是絕無僅有的（以《金融煉金術》為例）。其實，何只賺錢，就連慈善事業、推廣哲學、評論政治、媒體曝光等等，索羅斯都是以極為高調的態度參與。直到今天，索羅斯成立的「開放社會基金會」，已在全球三十七個國家有駐點機構，從事推動開放社會的事業。索羅斯為了推廣他的哲學，出版了十幾本書，並且透過它們在介紹反射性理論的過程中，不斷地強調，主流學術人士都犯了追求完美理論的錯誤，卻忽略「會出錯的哲學」才是真正有價值的思想。

政治方面原先是索羅斯比較低調的部分，但是在二〇〇四年之後，索羅斯公開批判小布希的反恐策略，並且斥資五十億美元，進行反輔選的活動，希望把小布希總統從連任之途中拉下來。索羅斯從「黑色星期三」之役後，接受各式媒體採訪，成為財經新聞的寵兒，似乎相當自豪於自己在外匯市場中的成就，並且對於別人對他的批評，絲毫不以為忤。

任何注意索羅斯相關新聞的人，都會發覺這個人實在是太特殊了。他不但高調地從事所有他想做的事情，也持續地透過文字、圖像與視頻影音，不斷地展示他的理想。在這麼長期的曝光中，我們不免好奇地想問，索羅斯到底知不知道他在做什麼？我們問這個問題的主要理由是想知道，在索羅斯的意識中，他這麼做的理由是什麼？難道說，他單純是因為有錢之後想要出名嗎？

答案是否定的，因為在他所擁有的名聲中，有相當大的比例是受到各界批判的，甚至是負面的。還有的人認為，索羅斯的嗜好是顛覆別人的政府，目的是為了取得更大的利益。甚至也有人直接認為，索羅斯是資助所有反對運動的幕後人士，目的就是為了在世界各地製造動亂。總而言之，在這些人的心目中，索羅斯就是一條活生生的「金融巨鱷」，每天假惺惺地以做善事的名義，潛伏在水中，等到機會來了，就會立即掀起金融風暴，從各個不同的財經市場，刮下一層皮來。

不論這些說法的對錯，但我們必須問：為什麼索羅斯要高調討罵，導致這麼多的批判呢？難道他不知道，只要一直潛伏在水中，不輕易露面，可以省去很多不必要的麻煩嗎？答案只有一個——索羅斯是有意識地這麼做的。透過自我意識的成長，索羅斯知道，他能夠有機會如此高調行事的理由，來自於他的財富，而他的財富使他出名，成為媒體的寵兒。

索羅斯善用這個條件，想要高調地實現畢生的志向，也就是針對從出生到餘年的人生目標，做有意識的反省，重新認識自己。認識自己，是哲學界自蘇格拉底（Socrates）以來最有啟發性的一句話。這句話的意義，不在於傳達什麼樣的訊息，而在於讓每一個人從反省的態度，重新建構自我。這個自我，並不僅僅是過往人生的回憶或複製，而是更為深刻的超越。透過超越自己的人生，人才能夠進入一個肯定自我的狀態。

在索羅斯意識的成熟時期，他針對自己的財富分配、族群認同與人生態度，提出不同的反思。在這些反思中，包含了三個部分，敘述索羅斯的現在、過去與未來。索羅斯的現狀是，他因為投資的成就而肯定自我。當這個事實在眾人心目中，成為津津樂道的傳奇故事時，索羅斯有意識地利用這個事實，讓他取得名聲與權力。

索羅斯對於自己的認同，也就是對猶太人血統的認同。對此，他除了深表驕傲以外，也集中在說明，他如何從一個身為猶太人的心路歷程，輾轉認知許多和人道主義相關的普世價值。最後，索羅斯在餘年的未來，談到在實現理想上，錢並不是最重要的，留在市場也不是必要的，甚至花錢都不是他人生最主要的事情；最重要的是——他在歷史上的定位。

‧賺到錢了，然後呢？

索羅斯意識到，他能夠擁有今天的名聲與地位，原因不是他創造了一個「比較真實」的哲學理論，而是因為他在投資上的成功。事實上，在投資成功以前，他的理論是完全不受到別人重視的。可是，在投資上所創造的傳奇紀錄，讓索羅斯的理論與理念受到大家側目。這些記錄中包含：他是最成功的私募基金經理人，締造出無比輝煌的投資紀錄；他也是最早注意到「廣場協議」會有什麼意涵的人，並先人一步提出放空美元的策略；他不只是《金融煉金術》的作者，還是「黑色星期三」令英國央行潰敗的主導者。

這些紀錄讓索羅斯成為財經史上的名人，也間接地讓他享有評論世界經濟局勢的權力。對於這些權力，索羅斯的看法又如何呢？索羅斯充分地利用這些權力，實現他的願望。什麼願望呢？就是讓他的理念能夠藉由他的權力，傳達到世界上的各個角落。其中，最重要的，就是他的開放社會理念。換言之，錢是出名與得到權力的手段，而真正的目的則是實現他的理念。索羅斯曾經回憶，在出名之前的歲月中，想要實現理念有多麼困難。

在上個世紀，九〇年代初期，索羅斯曾經想要幫助俄羅斯尋求國際貨幣基金與世界銀行的援助貸款，結果因為自己名氣不夠響亮，所以沒有能夠達成幫助俄國的目的（請見〈第六章〉開放社會的賞識）。在這段時間裡，索羅斯為了在前蘇聯所掌控的國家中推展開放社會，曾企圖會見美國老布希總統（George H. W. Bush），說明此計畫的內容，但沒有得到回應。後來，他想要拜訪英國首相柴契爾夫人，向其解釋他的理想，同樣也沒有下文。甚至在蘇聯設置基金會的同時，他都沒有機會能夠直接與戈巴契夫總書記見面。不但如此，即使索羅斯的基金會是最早進入東歐的單位，但在索羅斯出名之前，所有他寫的有關世界政經局勢發展的文章，都沒有機會發表在《華爾街日報》與《紐約時報》，這種西方主流媒體上面。

這些挫折讓索羅斯覺得很無奈，因為他引以為傲的理念，例如開放社會與反射性理論，都不受到重視。然而，在「黑色星期三」一役之後，很短的時間裡，他瞬間變成投資界的傳奇人物。這時候，雖然他不能真正地呼風喚雨，但大致上已經能夠主宰市場的方向了。面對這件事情，索羅斯感到很諷刺，因為是他賺錢的能力，才使得他的理念受到關注。

索羅斯非常有感觸地問道：金錢，是獲得權力與名聲的手段，但是一旦擁有名利的時候，他要拿它們來做什麼呢？是為了賺更多的錢嗎？極有可能不是，因為投資賺錢只需要默默行事即可，不用如此大張旗鼓，這反而容易打草驚蛇，得不償失。同時，在講求法治的社會裡，操弄個人權勢圖利是違法的事情。但是，索羅斯依然經常利用媒體爭取發言權，還因此得到英國媒體的聚焦，稱呼他為「擊敗英格蘭銀行的人」。

透過媒體的宣傳，索羅斯致力於推廣他的開放社會理念。這是他畢生最賞識的理念，而且他也期許，開放社會的種子能夠在全世界遍地開花。其實，開放社會作為一個理念，只是表面的，在更深的層面上，索羅斯藉由說明開放社會，包括對於他的家庭成員、童年往事、教育內容、政治評論，甚至人生目標，均不斷地表達自己的看法。主要原因就是，索羅斯想要透過他不一樣的人生，告訴所有的人，他如何憑藉一己之力，克服這個歷程中的所有困難，得到成功。這是他高調做事與自我肯定的原因。

當媒體對於這個將近七十年前，身無分文，抵達西方世界的猶太小子之身世，充滿好奇的時候，各界自然有興趣報導這個成功的故事。索羅斯就藉著這個機會，宣揚他的理想，可是這個正向角度的報導沒有持續太久，在一段時間後，天生嗜血的媒體，開始轉向攻擊他。面對媒體的攻擊，索羅斯對於絕大多數的報導都不以為意，不過有一件事情卻讓他感覺到特別困擾，那就是有人攻擊他是「猶太人」的這個事實。

・最佳「猶太陰謀論」男主角

沒有人可以清楚地說明，為什麼猶太人長期在歐洲會受到懷疑與歧視。更沒有人能夠解釋，猶太人的成就與他們「必須創造成就以求自保」之間，何者為因，何者為果。這些令人困惑的因素集結在一起的結果，就是有為數不少的歐洲人認為，猶太人憑藉其聰黠的智慧，設計出征服世界的陰謀。

這個陰謀，在索羅斯身上得到具體實現的機會，讓他成為最完美的攻擊對象。以索羅斯的財富、理念與名聲，加上他對家庭、教育、成長過程以及理論建構的高調說明，讓人不得不起了疑心，懷疑索羅斯就是一個想要用鈔票征服世界的典型猶太人。抱持這個陰謀論的人認為，索羅斯希望世界在金融動盪下出現不安，好讓他的猶太團隊能夠坐收漁翁之利。對於習慣於在自由經濟中競爭的美國人而言，這種指責他人的陰謀論想法很荒唐，因為在自由經濟的環境裡，人人憑藉自己的能力出頭，成功與個人表現相關，卻與身為哪個族群無關。

但是在歐洲的情況就不同了，尤其是在東歐。幾百年來，東歐的「反猶太主義」活像是一個已住入人心的神話。尤其是，每逢局勢動盪的時候，就有許多人懷疑，是不是猶太人又在搞鬼，弄得社會混亂不安了？索羅斯在九○年代進入歐洲，推動開放社會時，因為理念差異過大，蒙受當地人與政府的疑心猜忌，反猶太主義的陰謀，再次不脛而走。

這是索羅斯深受困擾的部分，主要的原因是，作為一個猶太人的事實，確實對他影響深遠。索羅斯在十四歲的少年時期，就已經面對納粹大屠殺的生死存亡。對於任何人而言，這一段經歷發生在幼小的心靈中，都會是影響一生的重要因素。索羅斯自己承認，做為一個猶太人，自幼面對生死議題，不僅是畢生的打擊，也是一個強迫自我淡忘的歷程。

直到有錢之後，索羅斯才有足夠心思面對這個長期以來的內心衝擊。他認為，猶太人在面對歧視的時候，往往會出現兩種態度：不是追求普世價值，超越歧視；就是認同歧視的政策，轉而歧視外人。前者的結果，就是建立開放社會，而後者的成就，就是以色列的建國。

索羅斯屬於前者，強調發揚開放社會這種具有普世性的理念。然而，如同大多數其他的猶太人，他對於以色列的向心力還是很強的。他甚至認為，國族的認同對於建立開放社會是很重要的元素，因為國族認同可以維持開放社會中所堅持的多樣性。

我們很好奇地想知道，在索羅斯的意識中，身為猶太人的感覺是什麼呢？索羅斯坦承，他一生中花費非常長的時間，終於達到以做為猶太人為榮的認知。這並不容易，因為做為一個想要同化於社會之中的猶太人，他一直能夠感覺到做為少數族裔的不舒適感。直到後來當索羅斯的經濟地位穩定之後，這種感覺才逐漸轉淡。他也認為，雖然猶太人是一個少數族群，但是這個族群在科學、經濟、藝術方面的表現，確實是超出比例地優異。這些表現，讓人覺得，這個族群對世界做了許多超越族群比例的普世貢獻。

猶太人締造超出比例的成就，這個事實的來源，極有可能是因為做為少數族群的緣故。一個少數族群在面對未來的發展時，要及早做出有可能出現變化的準備。這個準備，使得猶太人在面對未來的不確定性中，自然養成一種由批判的態度思考未來的轉變，甚至連矛盾的想法，都是其思考的對象。索羅斯認為，批判性思考是非常具有創造力的。如果他的生命中，因為是猶太人而具有任何優勢的話，那麼這必然是，他在很年輕的時候就已經習慣於進行批判式思考。

再者，如果還有什麼猶太要素塑造了索羅斯的人生觀的話，那必然就是猶太人的烏托邦理念。這個理念也與猶太人做為少數族群有關係。因為要求生存的緣故，猶太人會追求一個理想，在這個理想中，大家和平相處，不啟爭端。最重要的是，在這個理想中，所有的族群彼此尊重，公平競爭。

因此，如果要問，身為一個猶太人，這個族群的特殊背景形塑了索羅斯人格的哪些部分時，答案必然是「批判式思維」與「烏托邦理想」。對於這兩點，索羅斯感到很驕傲。當然，這份感覺依然無法改變猶太人長期被懷疑的陰影，也沒有可能阻止人們，停止從歷史的誤解中看待猶太人。索羅斯只能做他自認為應該做的事情，把這些陰謀論的觀點拋在腦後。對於索羅斯而言，人生最重要的目標，就是要實現他長期所信奉的理念。

•索羅斯的人格特質與理念

索羅斯一生中做了很多事情，在這些看似雜亂的事情中，大致可以分為三大類：賺錢的本領、捐錢的決心，以及與錢無關的哲學。對於一般人而言，這是風馬牛不相及，獨立的三件事，但對索羅斯而言，它們是相互關聯的。

青少年時期所發展的哲學思想，雖然是索羅斯的最愛，但是在孤芳自賞的限制下，他必須暫時先將自己心儀的哲學，束之高閣，轉而從事他拿手的工作，也就是賺錢。賺到錢後，索羅斯難忘舊情，立即重溫他的哲學，並且以開放社會為理念，展開落實理想的工作，成立開放社會基金會。

在索羅斯的所作所為中，如果不從他的人格開始進行分析，就沒有辦法掌握他的哲學思想，更不要說那個介於賺錢、捐錢與哲學理念的三角互動關係。換言之，索羅斯的人格特質決定了他的一生，而且在他的意識中非常清楚地知道，自己的人格造就了財富與名聲，而他也有義務與權利善用這些人格上的特質。整體而言，索羅斯的人格特質中有三項是最突出的。

勇於實踐理念，並在實踐中修正理念

首先，索羅斯勇於從行動中嘗試新的理念，並且因為這些行動執行的結果，可以轉化為自我批判的依據，修正原有理念中所包含的錯誤。從年輕的時候開始，索羅斯一方面花了很多時間想要理解一些理念的同時，但在另外一方面，他很早就明白，真正能夠有效率地理解理念的方式，是透過行動。當哲學理念未能為他帶來生活上的安穩時，索羅斯立即轉向市場，以哲學為本，從事投資。

終其一生，索羅斯都對於能夠作為一個有理念的行動者而感到驕傲。對於索羅斯而言，將理念與行動結合的選擇，是他最有效的學習方式。偏愛思考理念的他，往往將理念透過實際的行動付諸實踐，而實踐的結果經常迫使他不斷地修正理念架構。有時候，他甚至陷入深沉的懷疑。最明顯的例子，就是索羅斯對開放社會的理解。

我們說過，索羅斯因為自己青少年時期的經驗，因此初次聽到波普提到開放社會的理念時，就賞識的不得了，將之視為一生中最受啟發的部分。可是開放社會，這個來自於波普原先所討論的知識論（尤其是可錯論）的理念，是很難與現實社會連結在一起的理念。在波普的哲學中，開放社會一直只是一個烏托邦式的理念，並沒有實際付諸行動的計畫；波普甚至沒有針對什麼是開放社會，提供一個明確的定義。

在這種情況下，索羅斯不但自行針對開放社會提供了概念架構，並將它直接用在世界上許多需要改革的封閉社會裡。坦白說，很少有人會如此大膽，把一個連定義都說不清楚的理念，直接透過具體的行動，落實在社會中。在蘇聯解體前後，索羅斯立即，幾乎以「嚐鮮」的方式，將推展開放社會的「神聖使命」，以實際行動推展至多個東歐國家。

很遺憾地，這些推展的結果，雖然成功與失敗的程度不一，但嚴格講，至今仍未發展出索羅斯所期待的，理想的開放社會。實際上，索羅斯的作法，在當地政府眼裡，褒貶不一。然而，大多數人都是看在捐款的份上，捨不得拒絕基金會的運作。可是，開放社會基金會的運作結果，卻讓索羅斯學習到很多事情。像是在蘇聯解體後的東歐，要在這麼一個全新的政治局勢中推廣開放社會的理念，索羅斯就提到了他的心得，他說：「在這個情況中，我獲得建構開放社會的實際經驗。我學到了很多，發現了一些我應該預先知道的事。例如：封閉社會的崩解，並不必然使它朝向開放社會發展，因為崩解的現象會持續到另一個與崩解前類似的政權出現為止。而這個新政權，絕對不會是開放社會。」19

在體會這一點之後，索羅斯把質疑的矛頭指向了他的恩師波普。他指出，波普以「視之為當然」的態度，認為在開放社會中的自由論述，其目的就是要自然地追求真理。但是，索羅斯本人卻一直在反射性理論的啟發下，不斷地強調「人的操控能力遠大於人的認知能力」。這個事實，不但是他騁馳於財經市場中的思想工具外，更是他對人性最深刻的反省。但問題是，波普竟然執意相信，人的認知能力勝過一切，最終還會獲得客觀的真理。

索羅斯要如何理解他與波普的差別呢？他說：「更糟的情況是，用反射性解釋財經市場的我，竟然沒有注意到波普的開放社會立基於如下的假設——認知功能超過操控功能。也就是說，我們在追求真理，而並不僅是操控人們相信我們想讓他們相信的事物。」[20]

在這一點上，索羅斯意識到，這並不是一個「以什麼策略來操控人心」的問題，而是一個「以什麼態度面對人生」的問題。在政治社會中，我們不應該哄騙大眾，取得權力，而應該相信客觀真理，維持進步。對索羅斯而言，波普的理想具有至高無上的價值，也就是客觀的真理必須是我們認知的目標。問題是，要如何讓這個目標實現呢？面對這個問題，他承認，雖然以一己之力做了這麼多事，但最後他發現，要落實開放社會是一件困難重重的工作。然而，這絕對是他一生中不斷進步、拓展自己思想的目標。

19 《索羅斯在中歐大學的演講集》，第五十四頁。
20 同上所引，第五十五頁。

愛好思考，以論證「客觀真理」為方向

對於一般人而言，開放社會難以落實的主因，是因為理念與實踐的差別。理念是很好沒錯，但一旦實踐在生活中，許多人的情緒會因此被操控，以致於在判斷中充滿了主觀性，忽略了理念中所追求的客觀真理。落實開放社會的前提，是要能夠堅信客觀真理的存在，並以此信念為基礎，將理念的內容與行動的結果結合在一起。因此，這就牽涉到索羅斯的第二項人格特質，也就是他不但天性偏向抽象思考，並以論證客觀真理為思考的方向。

終其一生，索羅斯有異於常人的興趣，並將生平大部分的心思放在抽象的理念上。即使是專業的哲學家，在閱讀索羅斯解釋反射性理論的文章時，都會感覺到他並非附會風雅，而是真心想要說清楚，講明白這些哲學理念。根據索羅斯自己的說法，他對於哲學的興趣來自於本性，而且這個興趣的目

的，就是他認為思考抽象理念，是為了要支持客觀世界的存在價值，而不是為了肯定個人的主觀信念。

偏好思考抽象理念與胡思亂想不同，差別的關鍵就是思考的目的。思考抽象理念的目的，是為了進步，而胡思亂想則以彰顯個人的主觀價值為主，無所謂進步與否。這兩種不同的思考態度，引發了不同的人生觀。索羅斯屬於前者，因為他執意思考理念的目的，就是確定客觀真理，唯獨如此，我們才能夠在一個共同的基礎上，追求進步。這是很重要的，因為如果沒有樹立這個目的，那麼思考本身就根本沒有迎向挑戰的可能。為什麼呢？

答案不難理解。在人人都具有獨立心靈的情況下，我們可以擁有個人思考，展示主觀的想法。但我們所面對的最大挑戰，就是如何確定，個人所展示的想法中，不要陷入各說各話的封閉狀態。我們期待，主觀意見能夠經由溝通，逐步結合在一起，並以客觀知識為訴求，展示在所有人的心目之中。

當然，這很不容易，但我們不能放棄，因為如果依照個人主觀的意見組成社會，共識將不復存在，人間必定大亂。

索羅斯特別針對這一點，表達其具有宗教意味的信念。他說：「我堅持真理的客觀面向是重要的，而這個堅持是我個人的信念。的確，這個信念與宗教信仰有令人好奇的相似性。我建構的客觀真理中有許多『一神教』信仰裡，神具有的特徵；例如，這是一個無所不在，無所不能的理念。即使能夠讓這個理念擁有發展的可能，而理念本身，依然是非常神秘的。」21

索羅斯不諱言，這個類似宗教理念的堅持，與他的童年記憶與家庭背景息息相關。在青年時期受教育的期間，當他接受波普的可錯論薰陶時，他更能深深體會出，如果完美的知識不存在，那麼信念不但是我們需要的，甚至是我們必須擁有的。這個相信客觀真理「雖不可得，但必然存在」的信念，在索羅斯的行事風格上，佔據了至為關鍵的角色。

許多人認為，基於操作市場的本領與個性，索羅斯是一個只講利益，不講原則的人。事實上，如果仔細理解他對於「開放社會」這個理念的堅持與賞識，我們可以發現，結果正好相反；索羅斯總是能夠堅持他的原則，有時連眼前利益都可以不顧。

當然，大多數的人會認為，投資就是想賺錢，若不是以賺錢作為唯一的目標，那就賺不了錢；若是賺了錢，還說賺錢不是唯一目的，那就是偽善。很遺憾，在高調行善這幾年下來，「偽善」似乎如影隨行地依附在索羅斯的名聲當中。有趣的是，這項指責似乎也沒有對他構成什麼真正的困擾，索羅斯持續高談闊論，高調地針對政經時勢做評論，甚至高調地回到市場找尋投資的標的。我們想理解，為什麼一個投資人做這些自稱為「行善」的事情時，能

21 《索羅斯在中歐大學的演講集》，第六十四頁。

夠理直氣壯，侃侃而談呢？

答案就是，索羅斯對於經濟活動與政治規則做出明確區分的理念。他說：「我們需要在經濟與政治之間做區隔，參與市場與設定規則是兩件完全不同功能的事情。市場准許參與者進行自由交易；在這裡，參與者以牟利為主是正當的。相反的，在制定與執行規則的情況中，參與者就應該以公共利益為考量；在這裡，牟利是不對的。當人們企圖將規則朝向自己利益的一方轉動時，那麼在參與政治的過程中就會出現貪污，讓民主蒙羞，並使得社會無法朝開放社會發展。開放社會一直是大家期待的社會組織。」[22]

從這一段話中，我們可以看的出來，雖然索羅斯並非是世界上最富有的人[23]，但他極有可能是最願意透過理念來花錢的人。在對自己理念的愛好下，索羅斯不但因為抽象思維而擘劃人生的目的，也因此找到比賺錢更有價值的事情。理念的愛好讓索羅斯活在抽象思維中的同時，也顯現出他在生活中的性格特徵。那麼對於一個如此以自我為中心的人而言，他是否還在乎歷史定位呢？

以自我為中心，追求歷史定位

我們可以從索羅斯的行為模式中，看得出來，他是一個極為自信的人，並且對於別人的奉承或批評毫無興趣。他對於自己意見重視的程度，往往勝過其他人給的建議。直白地講，這是一個很孤獨的人，尤其在市場的競爭中，他連對自己都是極為嚴厲批判的人。奇怪的是，索羅斯承認，在先前從事交易的歲月中，他對於自己的形象並不會覺得很光榮。同時，即使在這一

22 《索羅斯在中歐大學的演講集》，第八十九頁。

23 根據二〇一六年《富比世雜誌》（*Forbes*）全球富豪排行，索羅斯名列全球億萬富翁第二十三名。

行成為很成功的經理人，他卻不會因此感到驕傲。

那麼，當索羅斯因為投資賺錢，聲名大噪後，又是如何看待他自己所營造出的公眾形象呢？再加上，他毅然決然地在全世界落實開放社會，出錢出力時，他又如何看待這個大眾面前的「他」呢？這個「他」與索羅斯本人之間，是處於什麼關係呢？

索羅斯曾經說過，面對自己的公眾形象是一個很特別的經驗。因為這兩個自我都是「他」，一個是他的公共形象，另一個是他的自我感覺。雖然後者是根本，但前者對於他本人，也發生實際影響的作用。有的時候，這兩個自我會處於對話的狀態。在這個對話過程中，那個私下的自我還會因為公眾的形象，變得更快樂、更和諧與更滿足。

雖然索羅斯對自己的公眾形象是很滿意的，但是對於他人的看法，甚至他在歷史中的定位，會在乎嗎？他很自信地認為，在做為金融投資者與開放社會推動者這兩方面，他在歷史上是成功的，會有一定的地位。但他覺得這樣還不夠，因為他的理念，還不足以成功到能夠流芳百世。索羅斯很在意這一點，因為偏愛理念的他，會覺得如果他能夠因為理念（而非財富），獲得歷史定位的話，那麼這對於他一生的努力而言，是最重要的回饋。

由於想要爭取這個回饋，所以他經常顯露出忐忑不安的心境，並且不斷地自忖，他有沒有可能重新組合他窮畢生之力，想要說明的這些理念。這也是為什麼，在索羅斯所有的著作中，他一直闡述與修正他的理念。我們可以理解，如果有可能，索羅斯希望以最明瞭的方式，讓外界理解，他在做什麼。索羅斯也很想知道，這些對他而言很有意義的理念，對別人來說有沒有意義呢？有趣的是，這個問題，居然是他最在意，也最感到不安的問題。

同樣的理念曾經幫他賺了大錢，也讓他捐了大錢，但他更想知道這些理念，是只對他一個人有用呢，還是對所有人都有用呢？對於這個問題，索羅斯非常清楚，他的確是一個特例，因為他是先賺了錢，然後才有了實現公益理念的機會。他甚至認為，如果他一直堅持理想的話，那麼他很可能就沒有機會賺那麼多的錢，反而會失去實現理念的機會。所以，索羅斯並不認為他的經驗可以複製在其他人身上。

因為這個緣故，所以索羅斯以審慎樂觀的態度面對歷史，並且將重點集中在實現開放社會上。即使在實現開放社會的過程中，索羅斯飽嚐艱辛，惹人非議，但在他的意識中非常明白地認定，必須堅持下去。他認為，即使堅持實現理念的理由並不是非常清楚，而且常常遭遇到實踐上的挫折，但這是一個像宗教信念一樣的理念。有時候，雖然我們無法把對於宗教信念的實際效果說得很明白，但這個信念的強度，卻是無庸置疑的。索羅斯說：「如果人們普遍不認為，開放社會是一個值得我們努力的目標的話，那麼我們整體的系統將如何生存下去呢？這是一個全世界都要面對的問題，而我本人並沒有答案。然而，我就困在這裡，而且我相信，我們所有人都困在這裡。」24

說來有趣，這些表面上看起來至為悲觀的話，其實充滿了樂觀的態度。因為這些話所說的，並不是面對人生的答案，而是堅持信念的態度。推展開放社會是索羅斯的信念，但這並不是一個宗教信念，而是一個具有宗教強度的信念。宗教強度，不但讓索羅斯對於獲得人生終極答案，維持一種虔敬的態度，也展現「理想終會實現」的樂觀精神。

24 《索羅斯談索羅斯：走在趨勢之前》，第二百四十七頁。

結語

為什麼我會認同索羅斯的哲學理念？

本書名為「索羅斯的投資哲學」，但其實我在投資方面，著墨並不多，卻在哲學部分，談論的比較深入。這也沒錯，因為我一直認為，哲學不但是一切思想的基礎，也是深入人心的力量。這個力量，展現在索羅斯的人生中，促使他反省過去，展望未來。最重要的是，他的哲學能夠回答我們所關心的問題，尤其是那些對於人生至為關鍵的問題。

在本書的寫作過程中，我一直不斷地思考這類問題，看看自詡為「失敗哲學家」的索羅斯，有沒有針對它們，提出看法。表面上，這種關鍵問題很多，也很複雜，但實際上，它們可以歸納為如下四大類的問題：道德、教育、政治與宗教。對任何人而言，這四大類的問題都是最關鍵的，索羅斯當然也不例外。我們甚至可以說，索羅斯的一生，正是用他的生命在回答這四方面的問題。至於說，投資的部分，只能算是他用來回答這些問題的工具，並不是真正的重點。

我承認，在閱讀索羅斯著作的過程中，我被他針對這幾類問題所提供的答案說服了，同意他針對道德、教育、政治與宗教所論述的觀點。這個事實，讓我覺得很愧疚，懷疑我個人是不是一個好的哲學家。好的哲學家，懂得批判，指出別人理念上的限制，思考犀利，想法如牛蠅一般，螫的人哇哇叫痛。我不但沒這麼做，還在字裡行間裡，表現了我對索羅斯的認同。這讓我在結語中，必須回答如下問題：為什麼我會認同索羅斯的哲學理念呢？

我可以很直白地說，我所認同的不是索羅斯的成就，更不是他賺錢的才華。我甚至認為，這些特殊的經驗沒有複製的可能，都是他個人的獨到成就。我所認同的，是他針對道德、教育、政治與宗教所作的論述。索羅斯針對人生中最重要的四大議題，說出他個人的看法之外，也總是成功地將這些論述中的重點，與他個人經歷分離，然後以客觀的態度，論證這些重點。換句話說，索羅斯以具有說服力的方式說理，將主觀意見轉化為客觀知識；我認同的是這個「理」，不是這個「人」。

有關道德、教育、政治與宗教的問題，它們之所以深具哲學意義，並且與人生密切相關，主要的理由是因為，我們在面對它們時，提出的答案，經常遭遇兩難，往往莫衷一是，甚至持續地被這些問題所糾纏。簡單來說，我們都需要深入地思考這些問題，才能夠彰顯人生的底層意義，而不至於流入形式。畢竟，人生是複雜的，而唯獨哲學式的反省，才能夠讓我們掌握生命，做出適當的判斷。

在道德上，我們面對的兩難是，做事情是應該依照別人的規範，還是遵循個人的信念。聽別人的意見而行事，等於不思考，其結果是，無法深知自己在做什麼；若只聽自己的意見而行事，無異於獨行俠，背負著驚世駭俗的風險，違背社會規範。在本書中，我們看過，就應否「投機賺錢」這個問題，索羅斯面對道德的指責，質疑他未盡社會責任。但索羅斯不僅回答了這個問題，我們還能從他的答案中，找到促進社會進步的觀點，肯定自己的作為。

以自我為中心的索羅斯，藉由說理的方式，論證投機的行為，不是不道德的。他分成三個層級談論這個問題：首先，市場中的投資人以牟利為主，天經地義；因而找尋機會，企圖賺錢，無可厚非。第二，他能否找到投機的機會，以及決定要不要大賺一筆的判斷，不是道德責任的問題，而是規則設計的問題。第三，如果規則設計有問題，那麼投機行為的存在，可以迫使有權力者，更改規則，健全社會制度的運作。我認同這三點，因為它們分別針對市場、規則與進步，進行論述，說出道理，證成了市場中牟利的行為。

再者，在教育的領域中，我們面對的兩難是：一方面，跟從教師學習理念，然後將理念內化成為自我體悟的知識；另一方面，批判教師的理念，然後從錯誤中學習，追求客觀知識的成長。在這個兩難中，索羅斯採取綜合的態度，認為先認定教師的理念為真。然後，他不斷地以批判的態度，針對這些理念作說明，重新建構、持續修正，甚至自我批判。對索羅斯而言，他對於他的老師卡爾・波普所提出開放社會的理念進行重建與批判，就是一個例子。

索羅斯初次接觸該理念時，立即直覺地賞識開放社會，篤定地相信，這種社會優於其他型態的社會。然而，他並沒有停佇在單純地賞識，而是終其一生，一直以批判的態度，檢證開放社會的內容。最後，他甚至承認，他並沒有完全掌握開放社會的意涵，但單就教育學習而言，這種綜合接納理念與批判理念的方式，正是最佳的教育哲學。

第三，在政治的領域中，我們所面對的兩難是：一方面，我們應該順從政治傳統，做一個奉公守法的公民；但是另一方面，我們應該堅持政治理想，無畏權勢，做一個勇於建言的公民？在現今這個處處講求民主的社會中，這不但是一個具體的兩難，也是一個迫切的問題。面對這個問題，索羅斯很實際地，將他在財經世界中所賺得的名利，轉換成為他影響政治的基礎。同時，他也以一貫的政治理想，作為檢驗現實政治成敗的標準。兩者相互配合的結果，是他對美國社會由開放轉向封閉的判斷。

我坦言，認定美國社會朝向封閉社會發展，是令人詫異的。在主觀意識強烈的政治認同中，有多少人會接受索羅斯的判斷，值得存疑。因此，二〇〇四年，當他斥資五十億美元，反對小布希總統競選連任時，結果並未成功，也不令人訝異。縱使如此，但有一點非常重要，就是參與政治的前提，必須是理想與現實並重。徒有理想，則不足以成事；只談現實，則難免遭人懷疑是為了要圖謀私利。

索羅斯強調，他個人在富裕的條件下參與政治，讓他能夠在與權勢對抗的同時，也讓他能夠應用自己長期思考的政治理想，即「開放社會」的理念，在需要說服他人，提出論述時，他能夠提供充裕的判斷理由。無論這些理由是否可以真正說服他人，但在政治領域中，這種兼顧理想與現實的做法，確實符合政治哲學的基本要求。

最後，是有關宗教的部分。本書的內容中，除了談到索羅斯屬於猶太族裔之外，完全沒有提到任何其他特定的宗教。那麼在索羅斯的哲學中，他哪一部分的宗教理念是我們應當認同的呢？答案很明顯，就是我們對於「視之為真」的信念，尤其是這個信念應當具有的強度。然而，以宗教強度看待信念，我們面對的兩難是：一方面，我們必須捍衛信念的終極價值；在另一方面，我們又需要避免，因為捍衛信念而陷入擁抱教條。這個兩難就是問：我們要如何在信念中，維持理性的態度呢？

在本書的脈絡中，這是一個很重要的問題。索羅斯投資哲學的核心理念是可錯論，但這個理論並不是要求我們否認一切為真，而是要求我們承認，我們宣稱的知識，有可能出錯，必須加以修正。這樣，我們才能夠將對知識的追求，維持在進步中。簡單來說，重點是追求進步，並不是全面的否定。追求進步的必要條件，是「求真」的方向，而只有「肯定客觀真理存在」的信念，才能夠讓我們擁有這個方向感，持續地追求真理。

雖然肯定客觀真理存在的信念，是求真的必要條件，但我們卻沒有證據，證實這個信念為真；我們只能預設客觀真理存在。因此，索羅斯也承認，對他而言，開放社會必然能夠帶領人類朝向進步狀態前進的這個信念，只能夠透過宗教信仰的方式來做比喻。

所有的人都知道，宗教信念的價值，並不是提供我們「毋須思考」的終極價值，因為那樣只會產生迷信與教條。擁有宗教信念的哲學意涵，在於讓我們學會虔敬，尊重人在求知中的限制，也讓我們相信，求知的意義，就是求真；求真的過程，就是結合批判與理性的結果。因此，索羅斯所談的宗教比喻，並不是肯定哪一個超自然存在者，而是闡揚哲學中追求真理的信念。

這是索羅斯針對道德、教育、政治與宗教所表達的哲學道理，也可以說是本書中最重要的內容。然而，本書並不完全是一本論述哲學的書，因為索羅斯能有今天的成就，畢竟來自於他在投資事業上所締造的成果。關鍵是，這個成果不是一蹴可及的，也不是透過學習什麼技巧與規則就可以指日可待的。本書無意也無能從指導投資這個角度，引導讀者。但是，我在本書中將索羅斯的一生及其成就，分別依照膽識、知識、常識、見識、賞識與意識，這六個面向所做的說明，就在於向大家傳遞如下訊息——投資能力來自於長期的培育，而其中關鍵的部分，就是對哲學的掌握。這是讀者需要自行體會的重點。

本書在截稿之際，正值唐納・川普（Donald Trump）當選美國第四十五任總統。川普在選前，曾經以挑動情緒為訴求，強調美國傳統文化中的保守主義，並且表明，他將取消多項自由貿易協定，採取保護主義。這些言論，在他當選之後，已經令許多支持自由與開放的人士，大表不滿。可以想見的是，窮畢生之力支持開放社會的索羅斯，絕不會在抗議川普的反對運動中缺席。的確，在美國大選後的抗議活動中，不斷地傳出消息說，反抗團體的幕後支持者，就是索羅斯。

我無能證實這個消息，但從本書中的內容來看，如果這個消息是真的，也不令人意外。對我而言，比較驚訝的是，這個已經高齡八十七歲的億萬富翁，又要準備在餘年施展長才，再度以行動對抗美國的主流價值。對於這一點，我不禁發自肺腑地感覺到，這真是一個充滿精力的精采人生！

國家圖書館出版品預行編目(CIP)資料

索羅斯的投資哲學 / 苑舉正著．──初版．──臺北市：
法意資產管理，2017.01 面；公分
ISBN 978-986-93820-2-1（平裝）
1. 索羅斯(Soros, George) 2. 學術思想 3. 投資

563.5 105020968

索羅斯的投資哲學
George Soros' Philosophy of Investment

作者──苑舉正
主編──郭峰吾
裝幀設計─霧室

出版──法意 PHIGROUP
初版一刷─2017年1月

官方網站─http://www.phigroup.com.tw
聯絡信箱─service@phigroup.com.tw
團體訂購或異業合作歡迎來信洽談

總經銷──楨彥有限公司
電話──(02)8919-3186
傳真──(02)8914-5524

法意
PHIGROUP

定價──新臺幣600元

Join us